基于开放遥感数据和开源软件的作物分布
制图实践

张明伟　李贵才　段金馈　谢小萍　等◎著

气象出版社
China Meteorological Press

内 容 简 介

作物空间分布和面积监测是进行作物长势监测、产量估计、农业气象灾害预警的前提。卫星遥感是作物分布和面积信息快速获取的关键技术手段之一。本书主要内容是讲授如何利用开源软件平台完成数据预处理、数据标注、特征选择、数据分类、精度评价等作物遥感分类过程中所涉及的具体工作。首先,介绍了作物分布遥感制图的背景和研究现状;然后,介绍了作物分布遥感制图过程中常用的中高分辨率遥感数据源及其特点;最后,介绍了如何利用开源软件 QGIS、GDAL 和 Scikit-Learn 完成作物遥感制图的具体过程。本书是作者近年来发展大宗作物分布遥感监测业务过程中相关技术工作的总结,可为相关业务和科研人员提供技术支持。

图书在版编目(CIP)数据

基于开放遥感数据和开源软件的作物分布制图实践 / 张明伟等著. -- 北京 : 气象出版社, 2024. 5. -- ISBN 978-7-5029-8219-5

Ⅰ. S315

中国国家版本馆 CIP 数据核字第 2024Z58R37 号

基于开放遥感数据和开源软件的作物分布制图实践
Jiyu Kaifang Yaogan Shuju he Kaiyuan Ruanjian de Zuowu Fenbu Zhitu Shijian

出版发行:气象出版社	
地　　址:北京市海淀区中关村南大街 46 号	**邮政编码**:100081
电　　话:010-68407112(总编室)　010-68408042(发行部)	
网　　址:http://www.qxcbs.com	**E - mail**:qxcbs@cma.gov.cn
责任编辑:王　迪	**终　　审**:张　斌
责任校对:张硕杰	**责任技编**:赵相宁
封面设计:楠竹文化	
印　　刷:北京建宏印刷有限公司	
开　　本:787 mm×1092 mm　1/16	**印　　张**:12.25
字　　数:326 千字	**彩　　插**:4
版　　次:2024 年 5 月第 1 版	**印　　次**:2024 年 5 月第 1 次印刷
定　　价:88.00 元	

《基于开放遥感数据和开源软件的作物分布制图实践》著者名单

张明伟（国家卫星气象中心）

李贵才（国家卫星气象中心）

段金馈（山东省气候中心）

谢小萍（江苏省气候中心）

李　峰（山东省气候中心）

韩东枫（山东省气候中心）

武英洁（山东省气候中心）

王锦杰（江苏省宿迁市气象局）

史诗杨（江苏省常州市气象局）

周甘凝（江苏省仪征市气象局）

端和阳（南京航天宏图信息技术有限公司）

前　言

　　掌握农业气象灾害的特点和发生规律,对于防御气象灾害、提高减灾防灾的能力、趋利避害、保障农业生产具有十分重要的意义。农业气象灾害的发生及其危害决定于气候异常与农业对象。作物种植分布监测是进行农业气象灾害监测、评估和预警的前提。

　　卫星遥感是作物分布和面积信息快速获取的关键技术手段之一。越来越多的对地观测卫星组网全球遥感监测,多源、高时空分辨率的开放遥感数据资源共享已经成为一种趋势。随着我国高分辨率对地观测系统重大专项的实施,16 m 分辨率国产陆地卫星数据已能自给。这为大范围作物分布遥感制图业务化运行奠定了数据基础。作物遥感分类过程中需要利用一些软件工具来进行数据预处理、数据标注、特征选择、数据分类、精度评价。其中,地理信息系统(GIS)、机器学习算法库等软件工具是进行作物分布遥感监测主要工具。在开源地理空间基金会的支持与帮助下,开源 GIS 软件不断发展壮大,如 QGIS、GRASS GIS、空间数据抽象库(Geospatial Data Abstraction Library,GDAL)类库等。在机器学习算法工具方面,Scikit-Learn 作为一个功能强大且广泛应用的开源 Python 机器学习库,为研究人员和实践者提供了丰富的工具和函数,用于解决各种机器学习问题,在各个领域被广泛应用。在业务运行实践过程中,借助开放的遥感数据和开源的软件,不仅可以降低遥感技术的使用成本,还能促进遥感应用的大众化和社会化,充分发挥卫星遥感观测价值。对于实际作物分布遥感监测业务化运行,现有的研究存在关键技术分散,未能组织成为一个完整的工作流程。针对这些问题,作者在近年来气象系统大宗作物分布遥感监测业务实践的基础上对相关技术进行总结,以期达到促进多源遥感数据应用于作物分布监测业务服务的目的。

　　本书共 8 章,各章具体内容和作者分工如下。第 1 章主要介绍作物分布遥感制图的背景和研究现状,及所需的数据和技术,由张明伟、李贵才编写。第 2 章介绍作物分布遥感制图过程中常用的中高分辨率遥感数据源及其特点,由张明伟、谢小萍编写。第 3 章介绍如何利用开源软件平台对作物分布遥感制图常用的遥感数据进行预处理,由张明伟、谢小萍、端和阳编写。第 4 章介绍如何利用开源软件平台处理作物分布遥感制图过程中所需的样本数据,由段金馈、李峰、韩东枫、武英洁编写。第 5 章和第 6 章介绍如何利用开源软件平台对遥感数据进行分类,识别作物类型。第 5 章由段金馈、李峰、韩东枫、武英洁编写,第 6 章由段金馈、李峰、王锦杰、史诗杨、周甘凝编写。第 7 章和第 8 章介绍如何利用开源软件平台实现遥感数据分类后处理、统计分析和制图等工作。第 7 章由段金馈、武英洁编写,第 8 章由段金馈、李峰编写。

　　本书是国家重点研发计划（2022YFC3002801）、中国气象局创新发展专项（CXFZ2021Z061）部分研究成果的总结。作物分布制图是一项复杂的过程，涉及遥感技术的方方面面，由于作者水平有限，书中不足之处在所难免，敬请读者批评指正。

作者

2024 年 1 月

目　录

第 1 章　作物分布遥感制图

1.1　引言

在全球急剧上升的人口压力之下,对粮食产品的需求快速增长。粮食安全和农业发展与气象和气候因素也有极大的关联。在全球气候变暖的背景下,近年来极端天气气候事件和重大农业气象灾害增多,复合型农业气象灾害的发生频率和强度增大,而农业"靠天吃饭"、应对气象灾害风险能力弱的问题仍然存在。在此背景下,较早获取作物分布和面积信息可为农业气象灾害预报、病虫害预警、农作物长势监测和产量预报提供关键支持,是作物品种选择、生产管理、种植结构调整和优化、水土资源管理和决策管理的必要手段。

作物分布遥感制图是根据不同作物光谱特征差异,通过利用多传感器、多时空分辨率的遥感影像记录的地表信息,识别作物类别,统计作物种植面积,获取作物种植面积和空间分布信息。目前我国大范围作物分布数据匮乏,现有的研究多以省域尺度、单一作物、个别年份为主,难以满足实时精准获取作物分布数据的需求。缺乏大范围高时效作物种植分布数据,难以定量评估气象条件对作物生长的影响。

作物空间分布和面积监测是进行作物长势监测、产量估计、农业气象灾害预警的前提。随着各类中、高空间分辨率的光学和合成孔径雷达卫星数据的开放共享,特别是美国陆地卫星计划 Landsat-8、欧洲哥白尼计划中的 Sentinel-1、Sentinel-2 和中国高分系列(GF-1、GF-3、GF-6等)卫星数据的开放共享,使得作物种植面积和空间分布遥感监测具备大范围业务化运行潜力。美国、加拿大和欧洲利用 Landsat、Sentinel 等系列卫星数据开展了国家尺度的作物空间分布监测。美国农业部自 2008 年开始每年发布全美范围内的农作物分布图;加拿大农业和农业食品部自 2011 年开始每年发布作物类型分布数据;欧洲构建了 Sen2-Agri 系统,主要采用 Sentinel-2 卫星数据,于 2015 年开始在欧洲和非洲部分国家进行国家尺度的作物分类。中国中、高分辨率作物遥感制图工作多限于农业部门内部,国家尺度高时空作物分布制图有待加强,需要解决地面样本缺乏、种植结构复杂、地块破碎、云雨天气干扰等难题。目前,农业气象服务中使用的作物面积和分布信息主要来自国家统计局的统计数据,这些数据通常是基于行政区的调查数据,无法体现细致的空间差异。开展大宗作物分布遥感监测业务,将会提高气象条件对作物生产影响评估和预测的准确性,提升农业气象服务的精细化水平。

1.2　作物分布监测方法

作物分布和面积遥感监测主要是利用作物独特的电磁波反射特征、空间特征和物候特征区分作物类别。一般通过选取农作物遥感监测的最佳时期,应用多时相、不同成像方式的遥感数据源获得不同作物的电磁波反射特征、叶面积指数和冠层结构等信息,进而识别作物类型。就遥感影像分类技术而言,目前主要有目视解译、监督分类、聚类和非监督分类等。其中,监督分类是一项最常用的作物遥感分类方法,其本质是一种从遥感传感器的测量空间到标签域的映射关系,这种标签标识了用户感兴趣的作物类型。监督分类大致可以分为5个基本步骤:①选取合适的遥感图像;②为每个地物类别选取已知的、有代表性的像元点,这些像元点的值构成样本数据;③选取适当的分类算法,并利用选取的训练样本来估计分类算法中未知参数的取值;④用训练过的分类器为图像中每个像元分配类别标签,完成这幅图像的分类过程;⑤精度评价。

对于作物遥感判识,最大似然法是最常用的监督分类算法之一。该算法假设每个波段中各类数据分布为高斯分布,各个波峰则可能代表唯一的类别。先通过对训练样本进行学习获取地物的分布模型参数,然后计算每个像元属于不同类别的概率,像元将归属于概率最大的类别。该算法的分类结果有稳定可靠、精度较高的优势。随着人工智能的发展,许多新的分类算法被引入作物分布和面积遥感监测,这些方法包括神经网络、支持向量机和随机森林等算法。已有的研究表明,充足的训练样本和设定适当的分类算法参数,任何一种算法应该可以获得和其他算法一样好的分类结果。在实践过程中,应该关注的是如何利用这个算法,而不是仅仅利用算法本身的固有优势。

1.3 作物制图样本获取

在作物遥感制图过程中,不管是训练数据标注,还是结果验证都需要地面样本数据支撑,而且样本质量、数量和空间分布直接影响作物遥感识别效果。早期和传统的地面样本采集主要通过野外调研方式,实地记录农作物空间位置信息和农作物类别信息。该方法虽然可以获得农作物类型的详细信息,但对大区域地面样本采集时耗费人力、物力和财力。如何科学、高效和低成本地获取足够数量的样本是亟待解决的问题,该问题的解决也是实现大范围作物分布遥感制图业务化的前提。

目前多元化、智能化的样本获取方法是研究的焦点。例如,部分学者在作物种植结构相对稳定的区域,探索利用历史累积的样本数据,对当季作物进行识别。众包模式为样本采集提供了良好契机,部分学者借助互联网等信息手段,将样本采集任务分解分包给非特定的网络大众,通过大规模社会化协同的方式,收集作物类型样本信息。与互联网平台合作,是一种获取样本数据的新途径。随着移动互联网的发展,产生了许多有特色的平台,其中包括专用于识别花草的平台"形色""微软识花"等。与这些平台合作是获取作物相关信息的一种可探索的新途径。除此之外,还可以与农业相关的行业和单位合作获取作物样本,如农机类、植保类以及经常到田间检查、考察的部门和单位。

我国地形复杂、作物种植结构复杂、农业地块破碎、云雨天气频发,使得开展大范围作物分布遥感制图需要大量地面调查支持。目前,我国农业地理数据收集的众包平台缺乏,众包服务技术水平不稳定,样本数据获取存在一定不确定性。另外,如何对海量众包数据进行自动、精准审核也是亟需解决的问题。中国气象局国家、省、地(市)、县业务单位在农业气象服务工作过程中,经常需要到田间开展调查工作。通过设计一些交互简单、智能的工具(如手机APP等)将农业气象业务调查和作物分布遥感制图所需的样本采集工作相结合,是一条低成本、可靠、高效的地面样本数据获取途径。这也是中国气象局作物分布遥感监测能够业务化运行的基础。

1.4　特征数据构建

对于高质量的作物类型制图,适当的特征数据和样本数据都是重要的。遥感分类的本质是从传感器的测量空间到标签域的映射关系。这需要足够多的已知标签的像元对分类器进行训练或验证,以使得分类器能够对未知的像元进行标记。在特征数据选择或构建方面涉及两个问题,一是目标地物类别在光谱空间是否占据单一的区域,二是从测量数据到类别标签是不是——对应的映射关系。已有的研究表明,不同输入数据特征造成的精度差异比不同算法产生的精度差异大。因此,输入的特征数据是影响作物分类结果的一个重要因素。

特征数据的选择或构建是影响作物类型制图精度的重要环节之一。作物类型遥感判识的主要特征有光谱特征、时相特征、空间特征,以及其他特征。气候条件、物候、管理措施和作物品种等的差异导致作物“同物异谱”“异物同谱”现象突出。传统的多光谱波段(蓝色、绿色、红色和近红外),及其衍生指数是最常用的数据特征。而多时相影像数据能够获得景观要素的季相差异,能够区分地表覆盖类型光谱属性的细微差异。因此,利用作物生长季内的特征“时相—光谱”图式是目前进行作物类型判识的重要特征。随着数据可用性的提高,增加敏感波段是提高作物识别精度的重要途径。已有的研究表明,短波红外波段、红边波段的引入均可以提高玉米和大豆面积遥感监测精度。利用光学数据进行作物类型制图,云覆盖及云阴影影响严重,特别是在全晴空发生概率低的区域。合成孔径雷达数据可以穿透云层,在这些区域内有一定优势。

1.5　开放的遥感数据

随着卫星遥感技术的快速发展,海量的多源、多时相、高分辨率的开放遥感数据资源共享已经成为一种趋势。卫星数据尤其是高分辨率卫星数据的广泛开放共享应用,为国民经济、科学和社会发展提供了极大的支撑服务。基于开放遥感数据的作物制图,不仅可以减少业务成本,也可以最大程度地发挥卫星的应用效益。近年来,各国政府通过遥感数据共享机制减少数据费用,支持利用卫星遥感技术开展社会公益性事业应用。

不同的卫星数据特性差异很大,包括空间、时间和光谱分辨率等,导致不同卫星数据在作物类型制图中的应用能力不同。例如,Terra/Aqua MODIS、FY-3 MERSI 数据覆盖范围大、重访周期短,适合国家乃至全球范围内的作物类型遥感制图。然而,由于空间分辨率低,导致其作物面积监测精度低,适合趋势性监测,精细监测能力不足。Landsat 系列卫星数据波段多、分辨率高、数据质量好、连续性好、开放共享,是目前作物类型遥感制图的主要数据源之一。欧洲哥白尼计划中的 Sentinel-1、Sentinel-2 系列卫星数据,于 2015 年 12 月起,正式向全球用户提供免费下载。它具有 5 d 的重访周期和 10 m 的空间分辨率,相比 Landsat 增加了 3 个红边波段,为大范围作物遥感制图提供了新机遇。中国 GF-1 和 GF-6 卫星组网运行能够实现最高达 2 d 的重访周期,为作物分布和面积提供了更多有效数据。GF-6 中的红边波段,能够帮助提升作物精准识别的能力。GF-1/6 卫星数据的开放共享,提高了高分辨率数据的自给率,大大减少了对国外数据的依赖,提高了作物分布和面积监测业务运行的稳定性与安全性。对于云雨天气多的区域作物制图,Sentinel-1、GF-3 等合成孔径雷达数据能发挥重要作用。

1.6 开源的软件平台

作物遥感分类过程中需要利用一些软件工具来进行数据预处理、数据标注、特征选择、数据分类、精度评价。其中,地理信息系统(GIS)、机器学习工具包等软件平台是其中最主要的工具。在开源地理空间基金会的支持与帮助下,开源 GIS 软件不断发展壮大,如空间数据抽象库(Geospatial Data Abstraction Library,GDAL)类库、QGIS、GRASS GIS 等。借助这些开源的软件和平台,不仅可以降低遥感数据的使用成本,还能促进遥感应用的社会化和大众化。

GDAL 主要用于读取栅格数据的抽象数据类库,是一个在 X/MIT 许可协议下的开源栅格空间数据转换库。它利用抽象数据模型来表达所支持的各种文件格式。QGIS 是一款开源的桌面 GIS 软件,具有完整且实用的 GIS 功能,如数据浏览、地图制图、数据管理与编辑、空间数据处理与空间分析、地图服务等功能。因其易用性、稳定性和可扩展性等特点,受到越来越多技术人员和学者的好评和支持。QGIS 支持各种栅格数据和矢量数据,可以完成常见的数据处理和空间分析操作,覆盖当前主流的地理空间数据格式。

在机器学习算法工具方面,Scikit-Learn 作为一个功能强大且广泛应用的 Python 机器学习库,为研究人员和实践者提供了丰富的工具和函数,用于解决各种机器学习问题,在各个领域被广泛应用。作为开源库,Scikit-Learn 建立在 NumPy、SciPy 和 Matplotlib 等科学计算库的基础上,提供了简洁而一致的接口,使得使用和学习变得更加便捷。Scikit-Learn 包含了多种经典和先进的机器学习算法,涵盖了监督学习、无监督学习和半监督学习等领域。这些算法在学术界和工业界广泛应用,为解决分类、回归、聚类、降维等问题提供了有效的工具。Scikit-Learn 不仅提供了机器学习算法工具,还提供了丰富的数据预处理、特征提取和模型评估工具,包括数据清洗、缺失值处理、数据缩放、特征选择和特征转换等。此外,Scikit-Learn 还提供了多种模型评估指标、交叉验证和超参数调优方法,帮助用户评估模型性能并选择最佳的模型配置。

1.7 结论与展望

作物分布遥感制图产品是开展作物长势监测、产量预报、农业气象灾害评估和预警的关键基础数据,也是开展精细化农业气象服务的基础。目前,农业气象服务对作物遥感制图产品的需求日趋多元化,制图对象从大宗作物(冬小麦、玉米、水稻、大豆、油菜等)扩展到特色经济作物(花生、马铃薯、甘蔗、苹果等)。除了需求多元,对监测产品的时效性要求越来越高,最迫切需求是高精度、生长季早期的作物分布遥感监测产品。

卫星遥感是作物分布和面积信息快速获取的关键技术手段之一。随着越来越多的对地观测卫星组网全球遥感监测,多源、高时空分辨率的开放遥感数据资源共享已经成为一种趋势。随着我国高分辨率对地观测系统重大专项的实施,16 m 分辨率国产陆地卫星数据已 100% 自给。这为大范围作物分布遥感制图业务化运行奠定了数据基础。

　　样本问题是当前作物分布制图,尤其是大范围、高精度、高频率制图的障碍之一。我国作物种植结构复杂、农业地块破碎、土地利用复杂多样,样本采集耗费大量人力、物力,成本高、难度大。因此,应加强与农业相关的单位和行业合作,构建一条可行的获取样本的途径。例如,中国气象局所属业务单位在开展农业气象服务过程中,需要经常到田间调查和考察。如果能统筹考虑各项工作的需求,在田间调查过程中利用一些简单、智能工具收集作物类别和位置信息,这将是一条高效、可行的样本获取渠道,将可以产生大量的地面样本数据。

　　乡村振兴战略的实施、粮食安全保障服务都对精细化农业气象服务产品提出了更多、更高的需求。大范围、高精度遥感制图产品的缺乏严重制约了精细化农业气象业务的发展。统筹考虑农业气象业务田间调查工作和样本采集工作,加强与其他农业相关的行业和部门合作,将有望解决样本问题,建立国家级作物分布遥感制图业务。

第 2 章   开放的多源卫星遥感数据

2.1   引言

卫星遥感是农业信息快速、准确获取的关键技术手段之一。目前,美国、欧盟等正在利用多源多层次遥感大数据技术支撑现代农业发展,全面改造农业生产与管理服务体系,打造新一代的全球现代数字农业体系。中国现代农业发展和乡村振兴战略的实施对卫星遥感技术和数据产品提出了更多、更高的需求,"以数据为王、以应用为本"的多源数据融合综合应用是满足这些需求的基础。

当前,全球约有 51 个国家拥有或者运营高分辨率卫星遥感系统,并广泛用于国家安全、土地利用、资源开发、环境监测、生态保护、科学研究和减灾救灾等领域。美国、欧盟、日本等国家或地区根据遥感产业发展的需求,纷纷出台相关法规和政策,对卫星遥感数据分发与应用进行规范和管理,通过遥感数据共享机制减少社会公益性事业遥感数据应用费用。中国陆地卫星主要包括资源环境系列卫星、高分系列卫星、环境/实践系列卫星以及小卫星系列。2010 年中国"高分专项"计划启动,2020 年建成中国自主研发的高分辨对地观测系统。高分系列卫星从多光谱到高光谱、从光学到雷达,具有高时空分辨率、高光谱分辨率、高精度的对地观测能力。整体上,中国已具备 16 m 分辨率卫星数据的自给能力,为开展大范围作物分布遥感监测业务奠定了数据基础。

2.2   Landsat 系列卫星数据

Landsat 系列卫星由美国地质调查局(USGS)和航空航天局(NASA)共同管理,首颗卫星 Landsat1 于 1972 年 7 月发射升空,截至目前,除 Landsat6 未到达设计轨道,共成功发射 8 颗卫星,Landsat 系列卫星已开展了 50 年的连续对地观测。Landsat1、Landsat2 和 Landsat3 搭载四波段多光谱扫描仪(MSS),Landsat4 和 Landsat5 搭载专题制图仪(TM),Landsat7 搭载增强型专题制图仪(ETM+),Landsat8 搭载了陆地成像仪(OLI)和热红外传感器(TIRS),Landsat9 搭载了二代陆地成像仪(OLI-2)和二代热红外传感器(TIRS-2)。Landsat1 至 Landsat5 已陆续停止服务,目前在轨的 Landsat 系列卫星有 3 颗,Landsat7,Landsat8 和 Landsat9。其中,Landsat8 和 Landsat9 组网可以每 8 d 覆盖全球一次(表 2-1)。

表 2-1　Landsat 系列在轨卫星及传感器主要参数

卫星名称	发射日期	重访周期	传感器	光谱范围	空间分辨率	幅宽
Landsat7	1999 年 4 月 15 日	16 d	ETM+	蓝波段:0.45~0.52 μm 绿波段:0.53~0.61 μm 红波段:0.63~0.69 μm 近红外波段:0.78~0.90 μm 短波红外波段Ⅰ:1.55~1.75 μm 热红外波段:10.40~12.50 μm 短波红外波段Ⅱ:2.09~2.35 μm 全色波段:0.52~0.90 μm	可见光至短波红外:30 m 全色:15 m 热红外:60 m	185 km
Landsat8	2013 年 2 月 11 日	16 d	OLI	海岸带波段:0.433~0.453 μm 蓝波段:0.450~0.515 μm 绿波段:0.525~0.600 μm 红波段:0.630~0.680 μm 近红外波段:0.845~0.885 μm 短波红外波段Ⅰ:1.560~1.660 μm 短波红外波段Ⅱ:2.100~2.300 μm 全色波段:0.500~0.680 μm 卷云波段:1.360~1.390 μm	可见光至短波红外:30 m 全色:15 m	185 km
			TIRS	热红外波段Ⅰ:10.3~11.3 μm 热红外波段Ⅱ:11.5~12.5 μm	100 m	185 km
Landsat9	2021 年 9 月 27 日	16 d	OLI-2	海岸带波段:0.433~0.453 μm 蓝波段:0.450~0.515 μm 绿波段:0.525~0.600 μm 红波段:0.630~0.680 μm 近红外波段:0.845~0.885 μm 短波红外波段Ⅰ:1.560~1.660 μm 短波红外波段Ⅱ:2.100~2.300 μm 全色波段:0.500~0.680 μm 卷云波段:1.360~1.390 μm	可见光至短波红外:30 m 全色:15 m	185 km
			TIRS-2	热红外波段Ⅰ:10.3~11.3 μm 热红外波段Ⅱ:11.5~12.5 μm	100 m	185 km

2.3　Sentinel 系列卫星数据

Sentinel 系列卫星是欧盟地球观测计划（哥白尼计划）的组成部分，目前已成功发射 8 颗卫星。Sentinel 系列多为双星系统，Sentinel-1 搭载 C 波段合成孔径雷达（SAR），其中 Sentinel-1A 于 2014 年 4 月 3 日发射升空，Sentinel-1B 于 2016 年 4 月 25 日发射升空。Sentinel-2 为高空间分辨率多光谱成像卫星，搭载多光谱成像仪（MSI），其中 Sentinel-2A 于 2015 年 6 月 23 日发射升空，Sentinel-2B 于 2017 年 3 月 7 日发射升空。Sentinel-3 搭载海洋和陆地彩色仪器（OLCI）、海洋和陆地表面温度辐射计（SLSTR）、合成孔径雷达高度计（SRAL）、微波辐射计（MWR）等，其中 Sentinel-3A 于 2016 年 2 月 16 日发射升空，Sentinel-3B 于 2018 年 4 月 25 日发射升空。Sentinel-5 Precursor（Sentinel-5P）是 Sentinel-5 的先驱星，Sentinel-5P 为全球大气污染监测卫星，搭载了对流层观测仪（TROPO-

MI），于 2017 年 10 月 13 日发射升空。Sentinel-6 Michael Freilich 为海洋观测卫星，搭载有雷达测高仪，用于测量全球海平面高度，于 2020 年 11 月 21 日发射升空。Sentinel 系列卫星数据向全球用户提供免费下载，数据可从欧洲航天局哥白尼数据中心下载（https：//dataspace. copernicus. eu/）。

2.3.1　Sentinel-1 卫星数据介绍

2.3.1.1　卫星介绍

Sentinel-1 是欧洲航天局哥白尼计划中的地球观测高空间分辨率雷达卫星，由 1A 和 1B 两颗卫星组成，分别于 2014 年 4 月 3 日和 2016 年 4 月 25 日发射升空。Sentinel-1A 与 Sentinel-1B 组成合成孔径雷达（Synthetic Aperture Radar，SAR）卫星星座，重访周期由单星 12 d 短至双星 6 d，两星在同一轨道平面内相差 180°。然而，由于卫星电源故障，Sentinel-1B 于 2021 年 12 月 23 日起停止了数据传输。

2.3.1.2　传感器介绍

Sentinel-1 上搭载的 C 波段合成孔径雷达，可实现 4 种数据采集模式：条带图（Stripmap，SM）是一种标准的 SAR 带状图成像模式，地面被连续的脉冲信号照射，同时保持天线波束指向一个固定的方位角和仰角；干涉测宽条带（Interferometric Wide swath，IW）是陆地上主要采集模式，该模式使用滑动扫描合成孔径雷达（Terrain Observation with Progressive Scanning SAR，TOPSAR）工作模式在 3 个子区域中获取数据，并且控制脉冲在通道与通道之间是同步的，以确保干涉对齐；超宽条带（Extra Wide swath，EW）在 5 个子区域中使用 TOPSAR 图像技术采集数据，EW 模式能够提供非常大区域的覆盖范围，但会降低空间分辨率；波浪模式（Wave，WV）是开放海域的数据采集模式，数据是从小条带图像中获取的，这些场景每隔 100 km 交替设置一次，设置方式是以近距离入射角获取一次图像，接着以远距离入射角获取图像，随后重复。

Sentinel-1C 波段合成孔径雷达支持单极化（HH 或 VV）和双极化（HH＋HV 或 VV＋VH）观测。SM、IW 和 EW 模式适用于单极化或双极化，WV 模式只能用于单极化。在实际应用中，IW 模式使用 VV＋VH 双极化方式采集陆地上的数据，WV 模式使用 VV 单极化方式采集开阔海域上的数据，EW 模式主要用于广域海岸监测，包括船舶交通监测、溢油监测和海冰监测，SM 模式则主要用于小型海岛观测或紧急事件监测。

2.3.1.3　数据介绍

Sentinel-1 使用 SM、IW 和 EW 模式采集的数据产品根据不同级别主要分为以下 4 种：Level-0 RAW、Level-1 Single Look Complex（SLC）、Level-1 Ground Range Detected（GRD）和 Level-2 Ocean（OCN），而 WV 模式只有 Level-1 SLC 和 Level-2 OCN 两种，图 2.1 是欧洲航天局哥白尼数据中心提供的不同采集模式对应的产品级别。

Level-1 级 SLC 产品在每个维度中都包含一个单视信息，该单视信息采用足够的信号带宽和复数来保存相位信息。产品还使用卫星轨道和姿态数据进行了地理校正，并对方位双静态延迟、仰角天线方向图和距离扩展损失进行了修正。Level-1 级 GRD 数据由 SLC 数据经过多视处理得到，并且同步进行地球椭球体模型 WGS84 投影。GRD 数据还进行了消除热噪声处理，相比 SLC 数据提高了图像质量。SLC 和 GRD 数据在不同采集模式下具有不同分辨率，具体数据见表 2-2。

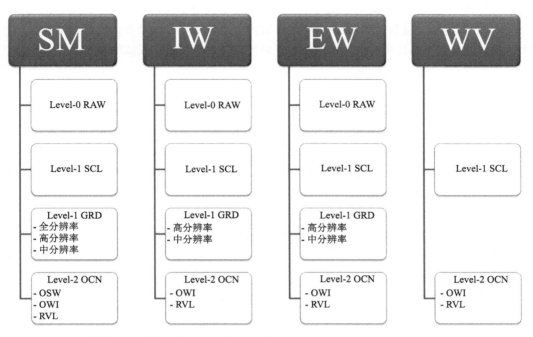

图 2.1　不同采集模式对应的产品级别（图片引自 https：//sentinels. copernicus. eu/web/sentinel/user-guides/sentinel-1-sar/product-types-processing-levels）

表 2-2　采集模式与数据产品分辨率对应表

产品类型	采集模式	空间分辨率/m	像元间距/m	多视数量	ENL
SLC	SM	1.7×4.3～3.6×4.9	1.5×3.6～3.1×4.1	1×1	1
	IW	2.7×22～3.5×22	2.3×14.1	1×1	1
	EW	7.9×43～15×43	5.9×19.9	1×1	1
	WV	2.0×4.8 和 3.1×4.8	1.7×4.1 和 2.7×4.1	1×1	1
GRD 最高分辨率	SM	9×9	3.5×3.5	2×2	3.7
GRD 高分辨率	SM	23×23	10×10	6×6	29.7
	IW	20×22	10×10	5×1	4.4
	EW	50×50	25×25	3×1	2.7
GRD 中分辨率	SM	84×84	40×40	22×22	398.4
	IW	88×87	40×40	22×5	81.8
	EW	93×87	40×40	6×2	10.7
	WV	52×51	25×25	13×13	123.7

2.3.2　Sentinel-2 卫星数据介绍

2.3.2.1　卫星介绍

Sentinel-2 是高分辨率多光谱成像卫星，分为 2A 和 2B 两颗卫星，分别于 2015 年 6 月 23 日和 2017 年 3 月 7 日由"织女星"运载火箭发射升空。Sentinel-2 哨兵 2 号 A 星和 B 星

9

进入运行状态后，每 5 d 可完成一次对地球赤道地区的完整成像，纬度较高的欧洲地区，这一周期为 3 d。该卫星高度为 786 km，主要用于监测土地环境，可提供有关陆地植被生长、土壤覆盖状况、内河和沿海区域环境等信息，不仅对改善农林业种植、预测粮食产量、保证粮食安全具有重要意义，还可用于监测洪水、火山喷发、山体滑坡等自然灾害，为人道主义救援提供帮助。

2.3.2.2 传感器介绍

Sentinel-2 携带一枚多光谱成像仪（Multi-Spectral Instrument，MSI），该成像仪由法国空中客车防务和航天公司基于"推扫帚"概念设计和制造，覆盖 13 个光谱波段，幅宽 290 km，从可见光和近红外到短波红外，具有不同的空间分辨率，地面分辨率分别为 10 m、20 m 和 60 m（表 2-3）。Sentinel-2 波段丰富，各具不同的作用（表 2-4），B1 是超蓝波段，可以监测近岸水体和对获得的数据进行精确的气溶胶校正；B2、B3 和 B4 分别是可见光波段的蓝、绿、红光，可合成高分辨率的真彩色图像；B5、B6 和 B7 是红边波段，对监测植被健康信息非常有效；B8 和 B8a 都是近红外波段，其中 B8a 与 Landsat 卫星波段相比，光谱波段的宽度减小，可以减小大气成分（包括水蒸气）的影响，并对土壤中的铁氧化物含量具有敏感性；B9 位于水汽吸收带，可以探测大气水汽总量；B10、B11 和 B12 是短波红外波段，与可见光或近红外波段组合，生成特定用途的图像。

表 2-3　Sentinel-2 卫星传感器（Sentinel-2A 和 Sentinel-2B）的光谱波段

波段编号	Sentinel-2A		Sentinel-2B		空间分辨率/m
	中心波长/nm	带宽/nm	中心波长/nm	带宽/nm	
1	442.7	20	442.3	20	60
2	492.7	65	492.3	65	10
3	559.8	35	558.9	35	10
4	664.6	30	664.9	31	10
5	704.1	14	703.8	15	20
6	740.5	14	739.1	13	20
7	782.8	19	779.7	19	20
8	832.8	105	832.9	104	10
8a	864.7	21	864.0	21	20
9	945.1	19	943.2	20	60
10	1373.5	29	1376.9	29	60
11	1613.7	90	1610.4	94	20
12	2202.4	174	2185.7	184	20

表 2-4　Sentinel-2 卫星各个波段的作用说明

波段编号	作用说明
B1	超蓝波段监测近岸水体和大气中的气溶胶
B2、B3、B4	可见光波段,植物识别
B5、B6、B7	监测植被健康状况

波段编号	作用说明
B8	近红外波段(宽),植物及陆地表面监测
B8a	近红外波段(窄),植被监测
B9	水汽吸收波段,水汽校正
B10、B11、B12	短波红外波段,植物和土壤含水量监测,卷云检测

2.3.2.3　数据介绍

Sentinel-2 卫星的基本产品是固定尺寸的数据块,数据块大小取决于产品水平,产品分为以下 5 级:Level-0、Level-1A、Level-1B、Level-1C 和 Level-2A,其中 Level-0、Level-1A 和 Level-1B 产品不对外提供。对于 Level-1C 和 Level-2A 产品,Sentinel-2 卫星采用 UTM/WGS84 投影方式,将地球表面的扫描区域进行细分,细分采用 100 km 的步长完成,但一景影像覆盖范围为 110 km×110 km,以便与相邻的一景影像覆盖范围有较大的重叠,避免漏拍。Level-1C 和 Level-2A 产品可供用户使用(表 2-5)。

表 2-5　Sentinel-2 卫星产品级别

级别	产品
Level-0	原始数据
Level-1A	包含元信息的几何粗校正产品
Level-1B	辐射率产品,嵌入经 GCP 优化的几何模型但未进行相应的几何校正
Level-1C	经正射校正和亚像元级几何精校正后的大气表观反射率产品
Level-2A	主要包含经过大气校正的大气底层反射率数据

从 2015 年 12 月 3 日起,Sentinel-2 的 Level-1C 及 Level-2A 数据正式向全球用户提供免费下载,数据可从欧洲航天局哥白尼数据中心下载。

2.4　高分系列卫星数据

2.4.1　光学数据

高分系列卫星由中国高分辨率对地观测重大专项计划研发,目前已发射 7 颗遥感卫星。高分系列的第一颗卫星高分一号(GF-1)于 2013 年 4 月在甘肃酒泉发射入轨,搭载 4 台多光谱 WFV 相机,拼接幅宽达 800 km,同时搭载 2 台全色及多光谱 PMS 相机,提供拼接幅宽为 60 km 的 2 m 全色影像和 8 m 多光谱影像。高分二号(GF-2)是我国首颗空间分辨率优于 1 m 的民用光学遥感卫星,搭载的 PMS 相机可提供 1 m 的全色影像和 4 m 多光谱影像。高分四号(GF-4)为中国首颗地球同步轨道高分辨率对地观测光学遥感卫星,搭载的全色及多光谱 PMS 相机的空间分辨为 50 m,搭载的中波红外 IRS 相机的空间分辨率为 400 m。高分五号(GF-5)为 30 m 空间分辨率,60 km 幅宽,330 个波段的高光谱卫星,目前暂未提供数据服务。高分六号(GF-6)搭载 1 台 2 m 全色/8 m 多光谱 PMS 相机和 1 台多光谱 WFV 宽幅相机,增加了两个红边波段,服务于精准农业观测。高分七号(GF-7)为光学立体测绘卫星,能够获得亚米级空间分辨率的光学立体观测数据和高精度的激光测高数据,高分系列在轨卫星及传感器主要参数如表2-6所示。

表2-6 高分系列在轨卫星及传感器主要参数

卫星名称	缩写	发射日期	重访周期	传感器	光谱范围	空间分辨率	幅宽
高分一号	GF-1	2013年4月26日	4 d	宽幅相机 WFV	蓝波段:0.45~0.52 μm 绿波段:0.52~0.59 μm 红波段:0.63~0.69 μm 近红外波段:0.77~0.89 μm	16 m	800 km
				高分相机 PMS	全色波段:0.45~0.90 μm 蓝波段:0.45~0.52 μm 绿波段:0.52~0.59 μm 红波段:0.63~0.69 μm 近红外波段:0.77~0.89 μm	全色:2 m 多光谱:8 m	60 km
高分二号	GF-2	2014年8月19日	5 d	PMS	全色波段:0.45~0.90 μm 蓝波段:0.45~0.52 μm 绿波段:0.52~0.59 μm 红波段:0.63~0.69 μm 近红外波段:0.77~0.89 μm	全色:1 m 多光谱:4 m	45 km
高分三号	GF-3	2016年8月10日	3 d	合成孔径雷达 SAR	C波段 单极化、双极化、全极化	1~500 m	5~650 km
高分四号	GF-4	2015年12月29日	凝视	PMS	全色波段:0.45~0.90 μm 蓝波段:0.45~0.52 μm 绿波段:0.52~0.60 μm 红波段:0.63~0.69 μm 近红外波段:0.76~0.90 μm	50 m	400 km
				红外像机 IRS	中波红外波段:3.5~4.1 μm	400 m	400 km
高分六号	GF-6	2018年6月2日	4 d	WFV	蓝波段:0.45~0.52 μm 绿波段:0.52~0.59 μm 红波段:0.63~0.69 μm 近红外波段:0.77~0.89 μm 红边波段Ⅰ:0.69~0.73 μm 红边波段Ⅱ:0.73~0.77 μm 紫波段:0.40~0.45 μm 橙波段:0.59~0.63 μm	16 m	800 km
				PMS	全色波段:0.45~0.90 μm 蓝波段:0.45~0.52 μm 绿波段:0.52~0.60 μm 红波段:0.63~0.69 μm 近红外波段:0.76~0.90 μm	全色:2 m 多光谱:8 m	90 km
高分七号	GF-7	2019年11月3日	5 d	立体相机	全色波段:0.45~0.90 μm 蓝波段:0.45~0.52 μm 绿波段:0.52~0.59 μm 红波段:0.63~0.69 μm 近红外波段:0.77~0.89 μm	全色:0.8 m 多光谱:3.2 m	20 km
				激光测高仪	—	—	—

2.4.2　雷达数据

高分三号（GF-3）是中国首颗 C 波段高分辨率合成孔径雷达（SAR）卫星,具有多种成像模式,聚束模式时最优空间分辨率可达 1 m。GF-3 具有 12 种成像模式,它不仅涵盖了传统的条带、扫描成像模式,而且可在聚束、条带、扫描、波浪、全球观测、高低入射角等多种成像模式下实现自由切换,既可以探地,又可以观海,达到"一星多用"的效果。12 种成像模式分别为:滑动聚束、超精细条带、精细条带 1、精细条带 2、标准条带、窄幅扫描、宽幅扫描、全极化条带 1、全极化条带 2、波成像模式、全球观测成像模式和扩展入射角模式,每种成像模式分辨率及成像带宽见表 2-7。

表 2-7　GF-3 成像模式分辨率及成像带宽

序号	工作模式		入射角/°	视数	分辨率/m			成像带宽/km		极化方式
					标称	方位向	距离向	标称	范围	
1	滑动聚束(SL)		20～50	1×1	1	1.0～1.5	0.9～2.5	10×10	10×10	可选单极化
2	超精细条带(UFS)		20～50	1×1	3	3	2.5～5	30	30	可选单极化
3	精细条带1(FSⅠ)		19～50	1×1	5	5	4～6	50	50	可选双极化
4	精细条带2(FSⅡ)		19～50	1×2	10	10	8～12	100	95～110	可选双极化
5	标准条带(SS)		17～50	3×2	25	25	15～30	130	95～150	可选双极化
6	窄幅扫描(NSC)		17～50	1×6	50	50～60	30～60	300	300	可选双极化
7	宽幅扫描(WSC)		17～50	1×8	100	100	50～110	500	500	可选双极化
8	全球观测成像模式(GLO)		17～53	2×(2～4)	500	500	350～700	650	650	可选双极化
9	全极化条带1(QPSⅠ)		20～41	1×1	8	8	6～9	30	20～35	全极化
10	全极化条带2(QPSⅡ)		20～38	3×2	25	25	15～30	40	35～50	全极化
11	波成像模式(WAV)		20～41	1×2	10	10	8～12	5×5	5×5	全极化
12	扩展(EXT)	低入射角	10～20	3×2	25	25	15～30	130	120～150	可选双极化
		高入射角	50～60	3×2	25	25	20～30	80	70～90	可选双极化

第3章　卫星数据预处理

3.1　GF-6 数据预处理

3.1.1　利用 GDAL 进行 GF-6 影像几何校正

随着传感器技术的发展,一些高分辨率的遥感卫星如 Sentinel-2,GF-1/3/6 等的传感器只向用户提供有理函数模型参数(rational polynomial coefficient,RPC)。这些模型参数实质是有理函数模型(rational function model,REM)。REM 是由 Space Imaging 公司提供的一种广义的传感器成像模型。该模型利用共线方程描述图像的成像关系,具有严密的理论,是一种与具体传感器无关、形式简单的通用成像几何模型。REM 将大地坐标(纬度、经度、海拔高度)与其对应的像元点坐标(行、列)用比值多项式关联起来。

以 GF-6 数据为例,利用 Python 调用 GDAL 的应用编程接口,进行几何校正,示范代码如下。

```
from osgeo import gdal    ♯ GDAL 版本为 3.7.2
input＝r'd:\GF-6\GF6_WFV_E112.1_N35.8_20230513_L1A1420316036.tiff'
output＝r'd:\new\GF6_WFV_E112.1_N35.8_20230513_L1A1420316036.tiff'
dataset＝gdal.Open(input, gdal.GA_ReadOnly)    ♯ 获取影像
rpc＝dataset.GetMetadata("RPC")    ♯ 获取 RPC 参数
res＝2.0e-4 ♯ 设置分辨率
dst_ds＝gdal.Warp(output, dataset,
            xRes＝res,    ♯ x 方向正射影像分辨率
            yRes＝res,    ♯ y 方向正射影像分辨率
            resampleAlg＝gdal.GRIORA_Bilinear,    ♯ 双线性插值方式
            rpc＝True,    ♯ 使用 RPC 模型进行校正
            transformerOptions＝[
                r'RPC_DEM=d:\dem\dem.tif']    ♯高程数据
            )
```

3.1.2　利用 GDAL 进行 GF-6 影像辐射定标

在 GF-6 数据使用前,需要将高分卫星数据进行辐射定标。首先,利用各个波段辐射定标系数将卫星观测值(DN)转换为辐亮度(L_λ),即传感器入瞳接收的入射辐射能量值。然后,计算地表反射率。

GF-6 影像数据 DN 值转化为辐亮度的公式如下：

$$L_\lambda = \text{Gain} \times DN + \text{Bias}$$

式中：L_λ 为辐亮度，单位为 $\text{W}/(\text{m}^2 \cdot \text{sr} \cdot \mu\text{m})$；$DN$ 为卫星观测值，无量纲；Gain 为定标斜率，单位为 $\text{W}/(\text{m}^2 \cdot \text{sr} \cdot \mu\text{m})$；$\text{Bias}$ 为截距，单位为 $\text{W}/(\text{m}^2 \cdot \text{sr} \cdot \mu\text{m})$。$\text{Gain}$、$\text{Bias}$ 定期在中国资源卫星应用中心网站（http://www.cresda.com/CN/Downloads/gpxyhs/index.shtml）上更新。

反射率即卫星传感器接收的光谱辐亮度与大气顶层太阳辐亮度的比值，也称大气顶层反射率。反射率的计算公式如下：

$$\rho_{\text{TOA}} = \frac{\pi L_\lambda d^2}{\text{ESUN}_\lambda \cos\theta_s}$$

式中：ρ_{TOA} 为表观反射率；d 为日地距离；ESUN_λ 为波段 λ 的太阳平均辐射值；θ_s 为太阳天顶角。

ESUN_λ 可由光谱响应函数和对应区间的太阳光谱函数来计算，计算公式如下：

$$\text{ESUN}_\lambda = \frac{\int_{\lambda_1}^{\lambda_2} E(\lambda) S(\lambda) \mathrm{d}\lambda}{\int_{\lambda_1}^{\lambda_2} S(\lambda) \mathrm{d}\lambda}$$

式中：λ_1 和 λ_2 为传感器某波段起始波长和终止波长；$E(\lambda)$ 为大气顶层该波段太阳光谱的辐射通量，该值可由太阳光谱函数计算，可采用 WRC（World Radiation Center）提供的太阳光谱曲线计算；$S(\lambda)$ 为该波段的光谱响应函数。此外，GF-6 卫星各传感器的 ESUN_λ 也可以直接从中国资源卫星应用中心网站获取。

以 2023 年 5 月 23 日 GF-6 数据为例，利用 Python 调用 GDAL 的应用编程接口，实现其波段 1 的辐射定标，示范代码如下。

```
import numpy as np
import pandas as pd
fromosgeo import gdal
# 读取数据
defreadGFimg(infile, b):
    dtset=gdal.Open(infile, 0)
    xn=dtset.RasterXSize
    yn=dtset.RasterYSize
    bn=dtset.RasterCount
    geotrans=dtset.GetGeoTransform()
    proj=dtset.GetProjection()
    band=dtset.GetRasterBand(b)
    data=band.ReadAsArray(0, 0, xn, yn)
    deldtset
    returngeotrans, proj, xn, yn, data

# 写入数据
defwriteimg(outfile, geotrans, proj, xn, yn, bn, datatype, data):
    driver=gdal.GetDriverByName('GTIff')
```

```
        dtset＝driver. Create(outfile，xn，yn，bn，datatype)
        dtset. SetGeoTransform(geotrans)
        dtset. SetProjection(proj)
            if（bn＝＝1）：
            dtset. GetRasterBand(1). WriteArray(data)
        else：
            fori in range(bn)：
                j＝i＋1
                dtset. GetRasterBand(j). WriteArray(data[：，：，i])
        deldtset

infile＝r'd：\new\GF6_WFV_E112. 1_N35. 8_20230513_L1A1420316036. tif'
outfile＝r'd：\out\GF6_WFV_E112. 1_N35. 8_20230513_L1A1420316036. tif'
datatype＝gdal. GDT_Float32
gian，bias，ESUN＝0. 0705，0. 0，1948. 97
dy＝pd. to_datetime('2023-5-13'). dayofyear
dx＝2 * np. pi * dy / 365. 0
d＝1. 000110＋0. 034221 * np. cos(dx)＋0. 001280 * np. sin(dx)＋0. 000719 * np. cos
    (2 * dx)＋0. 000077 * np. sin(2 * dx)
b＝1
geotrans，proj，xn，yn，data＝readGFimg(infile，b)
data＝np. pi * d * (data * gian＋bias) / ESUN
bn＝1
writeimg(outfile，geotrans，proj，xn，yn，bn，datatype，data)
```

3.2 Sentinel-2 光学卫星数据预处理

3.2.1 SNAP 软件

SNAP(Sentinel Applications Platform)软件是欧洲航天局设计开发的,专门用于 Sentinel 系列卫星数据处理、显示和应用的强大遥感软件。SNAP 还专门针对 Sentinel 系列卫星数据的特点定制开发了多个处理模块,并且可以实现批量数据的流程化自动处理,是 Sentinel 系列卫星数据处理的理想平台。SNAP 公共架构主要由 Sentinel 1、2 和 3 工具箱组成,还包括 SMOS Toolbox、Proba-V Toolbox、PolSARPro 等。此外,SNAP 还有丰富的插件,比如 Sen2Cor、Sen2Three、Sen2Res、SNAPHU 等。

Sen2Cor:Sentinel-2 Level-2A 产品生成和格式化处理器,它对 Level-1C 级大气输入数据进行大气、地形和卷云校正。Sen2Cor 创建底部大气时,可选地形和卷云校正反射图像,此外,还能创建气溶胶光学厚度、水汽、场景分类地图和带有质量指标性质的云和雪的概率掩膜图像。其输出的产品格式和 Level-1C 级用户产品格式相同。

Sen2Three：Sentinel-2 Level-3 处理器，用于大气校正 Sentinel-2 Level-2A 级图像的时间序列影像合成，Sen2Three 以某一地理区域（tiles）Level-2A 级图像的时间序列为输入，通过将之前输入图像的所有"坏"像元逐步替换为随后场景的"好"像元，生成合成输出图像，可以实现 Sentinel-2 Level-2A 数据的去云处理。

Sen2Res：一种将 Sentinel-2 产品的空间分辨率提高到 10 m/pixel 的处理器，可以保持产品的反射率。Sentinel-2 MSI 没有全色波段，但它包含 4 个 10 m/pixel 波段。Sen2Res 的工作原理是建立一个模型，描述这些波段之间如何共享信息（即独立于反射率的像元内容），以及哪些信息是特定于这些波段的（即像元内容的颜色），然后应用该模型对 20 m/pixel 波段和 60 m/pixel 波段进行解调，同时保持其反射率。

SNAP 软件可以从欧洲航天局官网下载（http://step.esa.int/main/download/snap-download/），当前最新版本为 9.0.0。根据操作系统平台选择下载链接，处理 Sentinel-1 数据可以下载 Sentinel Toolboxes 或 All Toolboxes，它们都包含了 Sentinel-1 数据处理模块。

下面以 Windows 系统为例，介绍 SNAP 软件的安装。双击打开下载的安装包，等待软件安装程序解包，然后勾选软件许可协议（图 3.1），确认安装目录（图 3.2）。

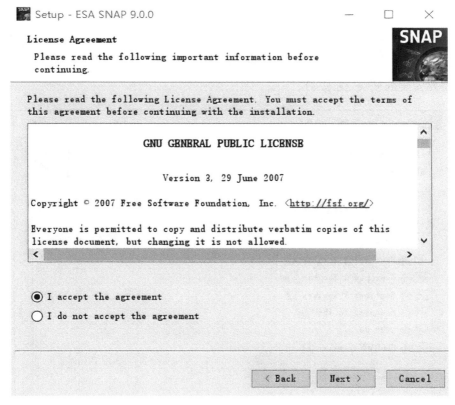

图 3.1　SNAP 软件许可协议

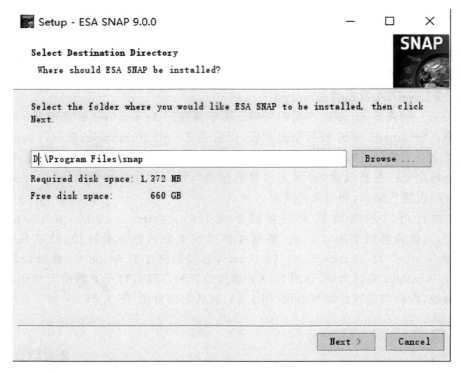

图 3.2　SNAP 软件安装目录

勾选需要安装的模块(图 3.3)。

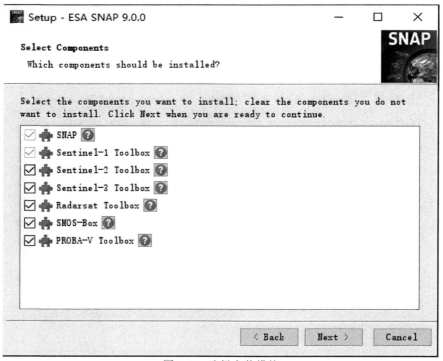

图 3.3　选择安装模块

创建开始菜单目录(图 3.4)。

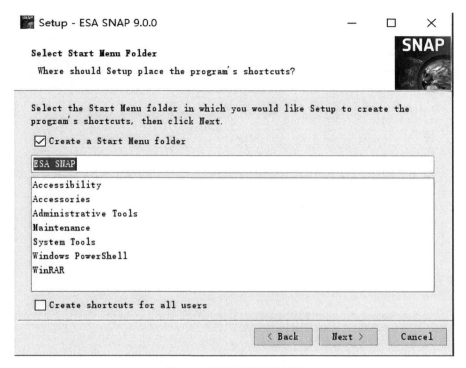

图 3.4　创建开始菜单目录

配置 Python 执行程序目录(图 3.5)。

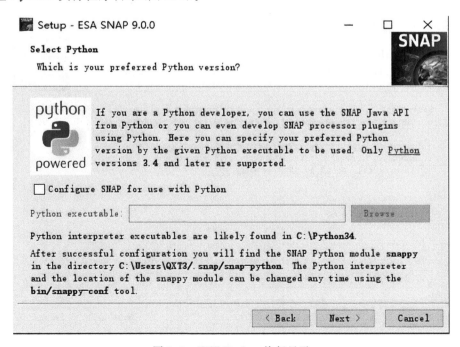

图 3.5　配置 Python 执行目录

点击下一步开始执行安装(图 3.6)。

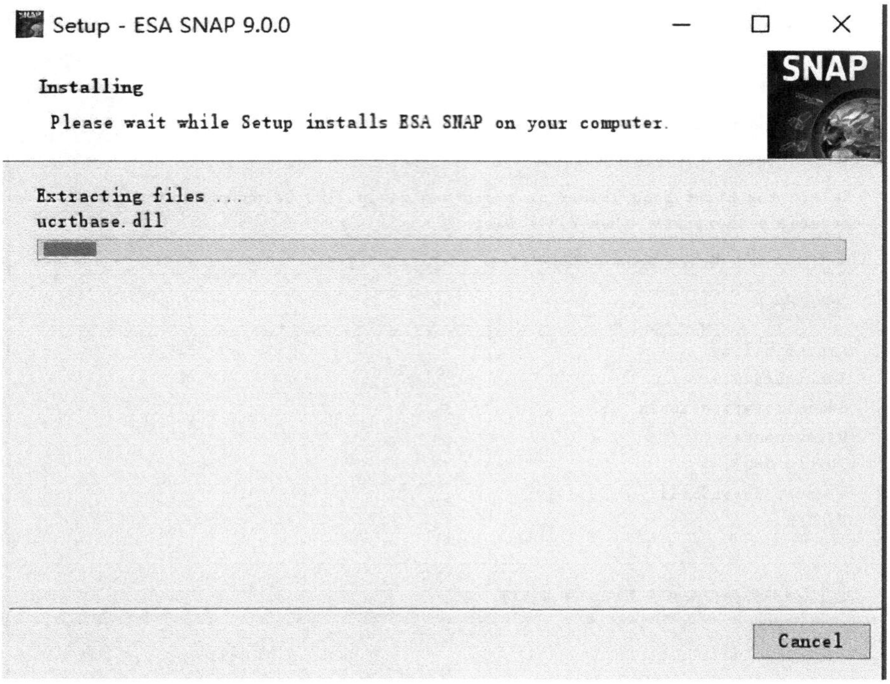

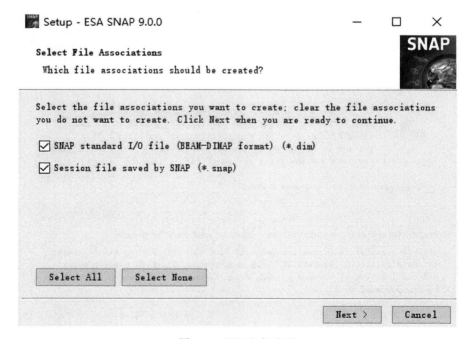

图 3.6　安装执行中

配置 SNAP 的文件关联,默认勾选(图 3.7)。

图 3.7　配置文件关联

最后点击 Finish 完成安装(图 3.8)。

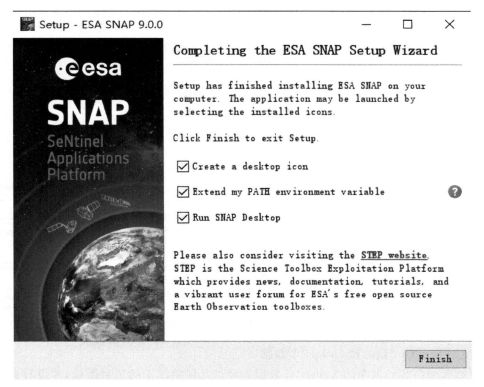

图 3.8　完成安装

SNAP 安装完成后,打开初始界面(图 3.9)。

图 3.9　SNAP 初始界面

3.2.2 使用 SNAP 插件预处理 Sentinel-2 号卫星数据

SNAP 对 Sentinel-2 卫星数据的基本处理流程如图 3.10 SNAP 数据处理流程。在开始之前,首先要对下载的 Level-1C 数据进行预处理,然后再进行后续操作。

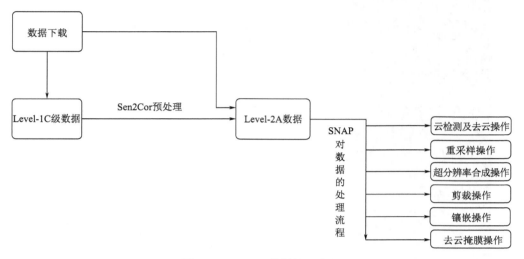

图 3.10　SNAP 数据处理流程

（1）使用 Sen2Cor 预处理 Level-1C 数据

欧洲航天局（ESA）发布的 Level-1C 数据是经过几何精校正的正射影像,并没有进行辐射定标和大气校正。同时,ESA 还对 Sentinel-2 Level-2A 数据进行了定义,Level-2A 数据主要包含经过辐射定标和大气校正的数据,但这个 Level-2A 数据需要用户根据需求自行生产,为此,ESA 发布了专门生产 Level-2A 数据的插件 Sen2Cor。

以 Windows 系统为例,选取 Sen2Cor-02.11.00-win64 版本,作以下说明:

键入 win+R 运行 cmd,进入该工具所在路径（cd 路径,图示以工具放在 C 盘根目录为例,注意 cd 后有空格）（图 3.11）。

图 3.11　Sen2Cor 操作步骤（1）

输入:L2A_Process.bat 待处理 Level-1C 数据的位置（以数据放在 E 盘根目录为例,注意 bat 后有空格）（图 3.12）。

图 3.12　Sen2Cor 操作步骤（2）

回车,等待处理结束,生成的 Level-2A 文件会和 Level-1C 文件在同一目录下。

（2）Level-2A 数据构成

Sen2Cor 在大气校正时，会对云、云阴影、卷云、雪、水体等进行场景分类，主要场景分类流程如图 3.13（详细内容请参阅 Sen2Cor 官方文档，链接：http://step. esa. int/thirdparties/sen2cor/2. 8. 0/docs/S2-PDGS-MPC-L2A-SUM-V2. 8. pdf）：

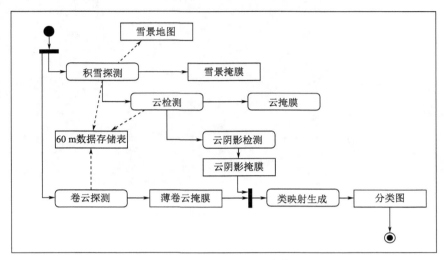

图 3.13　Sen2Cor Level-2A 场景分类处理流程图

Level-2A(大气校正后的)数据与 Level-1C 数据的差别在于(图 3.14—图 3.17)：

①多了 Index Coding 文件夹，存放是 quality_scene_classification 属性表文件，记录的是场景分类结果的编码值、数据类型等描述性信息。

②Bands 文件夹内多了 quality 文件夹，存放的是质量控制文件，可以通过右击，点击property 查看属性信息(这里列出栅格尺寸大小，以便留意栅格文件的分辨率)。

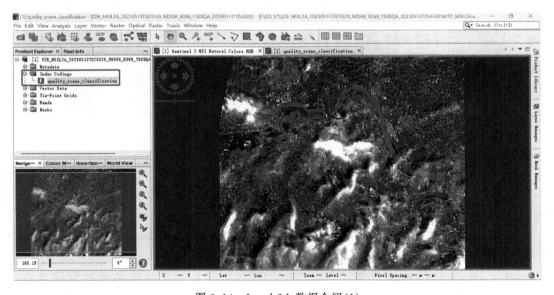

图 3.14　Level-2A 数据介绍（1）

23

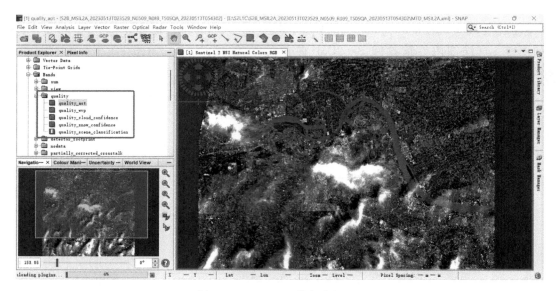

图 3.15　Level-2A 数据介绍(2)

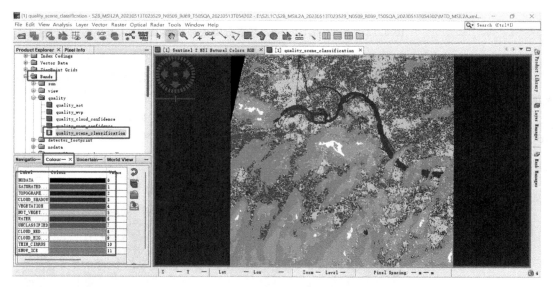

图 3.16　Level-2A 数据介绍(3)

quality_aot 栅格文件(尺寸:10980×10980):气溶胶厚度(AOT, Aerosol Optical Thickness)质量控制文件(无单位),栅格大小为 10980×10980,和 B2(波段 2)栅格大小相同,表明其分辨率为 10 m。

quality_wvp 栅格文件(尺寸:10980×10980):水汽(Water Vapour, WVP)质量控制文件(单位:cm),分辨率为 10 m。

quality_cloud_confidence 栅格文件(尺寸:5290×5290):云质量控制的自信度文件(单位:百分比%),栅格大小为 5290×5290,和 B5(波段 5)栅格大小相同,表明其分辨率为

20 m。

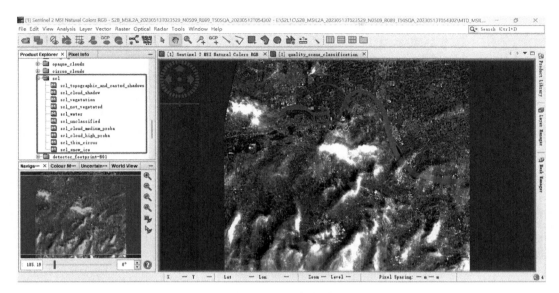

图 3.17 Level-2A 数据介绍（4）

quality_snow_confidence 栅格文件（尺寸：5290×5290）：雪质量控制的自信度文件（百分比％），分辨率为 20 m。

quality_scene_classification 栅格文件（尺寸：5290×5290）：场景质量分类图，含 12 个类别，对于去云操作而言，需要关注的是 DARK_FEATURE_SHADOW（地形等）、CLOUD_SHADOW（云阴影）、CLOUD_MEDIUM_PROBA（中概率云）、CLOUD_HIGH_PROBA（高概率云）、THIN_CIRRUS（薄卷云）这几个类别。

③Bands 文件夹下少了 B10 波段栅格文件，这主要是因为波段 10 是卷云波段，需要的大气顶部（Top of Atmosphere，TOA）的反射率，不需要地表反射率（Bottom of Atmosphere，BOA）。因此，Sen2Cor 不会对这个波段做处理。

④Marks 文件夹（栅格掩膜文件）下多了一个 scl 文件，存放的是 10 类掩膜文件，是从场景分类图中创建的，共 10 个文件。

（3）打开 Level-2A 数据

下载并安装好 SNAP 后打开 SNAP，如图依次点击打开 MTD 开头的以 .XML 结尾的文件（图 3.18 和图 3.19）。

选中数据集，右键加载 RGB Image Window（图 3.20）。

打开后如图（图 3.21）。

3.2.3 基于 SNAP 软件的 Level-2A 数据处理

SNAP 处理 Level-2A 数据主要通过以下步骤：

（1）云检测及去云方法

首先对数据进行云检测，云检测方法按云量划分光学影像的单个像元，可分为三种情况：①无云像元；②部分有云的像元（混合像元）；③全为云的像元。

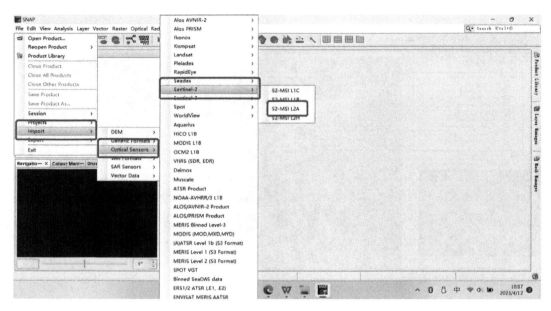

图 3.18　SNAP 打开 Level-2A 数据示意(1)

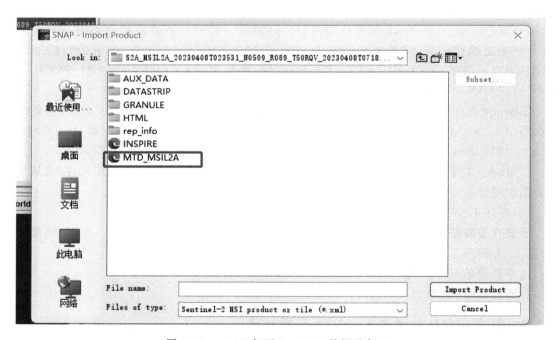

图 3.19　SNAP 打开 Level-2A 数据示意(2)

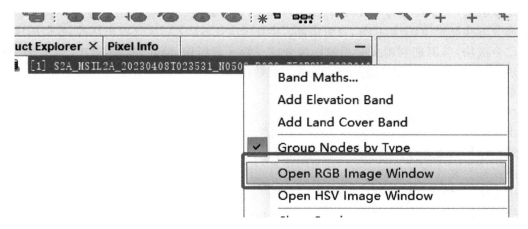

图 3.20　SNAP 打开 Level-2A 数据示意(3)

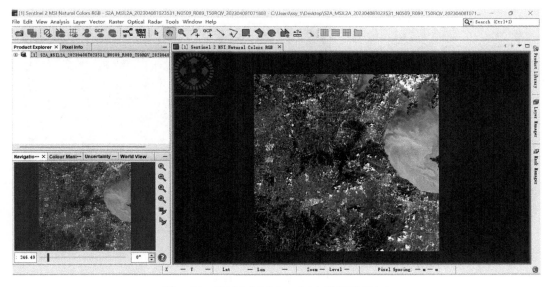

图 3.21　SNAP 打开 Level-2A 数据示意(4)

云检测(分类)可分为以下方法。

①阈值法:属于物理识别方法。利用多光谱影像丰富的光谱信息(根据光谱反射率、亮度、纹理特征等特性)设置一个阈值(也有动态阈值的)即可将其识别出来(高于阈值的部分)。

②模式识别法:也就是常说的无监督和监督分类法,只不过是从地物分类变为了云分类。分类方法有:神经网络、支持向量机、聚类、卷积神经网络等机器学习、深度学习算法等。这是目前主流的云检测(分类)方法。

③多时相、源分析:前面两种方法主要针对单源单时相数据进行,但实际上可以利用多时相多源数据进行,往往能获得更好的监测(分类)效果,因为同一地区不太可能长期都有云覆盖,无云的数据往往能提供更好的特征信息。

④综合法:结合前面所提的两种或以上的综合检测方法。

接着介绍去云方法。

①掩膜法:其原理为利用云检测(分类)算法的结果创建一个掩膜文件,将光学影像中的云覆盖部分直接掩膜掉,干脆利落,避免烦恼。参照上文 Level-2A(大气校正后的)数据构成。

②合成法:其原理利用多时相的影像合成一幅无云影像,例如:最大 NDVI 像元法、最好像元法、平均像元值法、加权平均合成法等。视数据多少、影像好坏等条件可以合成周、月、年无云影像。

(2)重采样操作

由于 Sentinel-2 各波段之间存在三种不同的分辨率,如果不统一为同一分辨率的数据,许多后续操作都无法进行。例如剪裁、一些指数计算、分类等。注意:需要确保重采样后数据的输出路径有足够的硬盘存储空间。

①方法一:使用常规的栅格重采样工具(图 3.22)。

操作流程:点击 Raster→Geometric→Resampling。

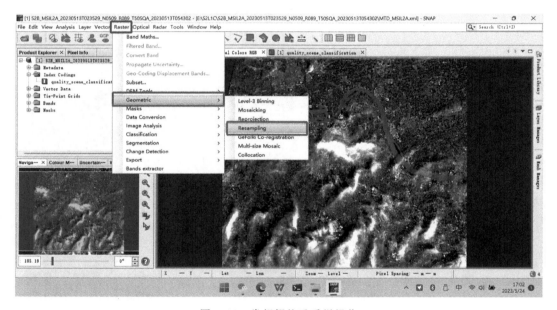

图 3.22 常规栅格重采样操作

参数介绍如下(图 3.23)。

选项 1:按定义的源数据参考波段的分辨率确定输出的分辨率(注意默认选择的 B1 是 60 m 的分辨率,如果保持默认,所有的 10 m、20 m 的波段都会被重采样为 60 m)。

选项 2:按照定义栅格尺寸大小设置分辨率,10 m 分辨率对应的栅格大小为 10980×10980,20 m 分辨率对应的栅格大小为 5490×5490,60 m 分辨率对应的栅格大小为 1830×1830。

选项 3:自定义像元分辨率,单位为 m,可选常用的 10、20、60 这三个值。

选项 4:重采样(提高分辨率,像元分辨率的数值变小),有最邻近(Nearest)、双线性(Bilinear)、三次卷积(Bicubic)三种重采样方法。

选项 5:降采样(降低分辨率,像元分辨率的数值变大),有首个像元值法、最小像元值法,最大像元值法、平均像元值法、中位数像元值法(例如将 10 m 分辨率的 4 个栅格降采样为 20 m 分辨率的 1 个栅格,就取第一个栅格的值;4 个栅格中的最小像元值;4 个栅格中的最大

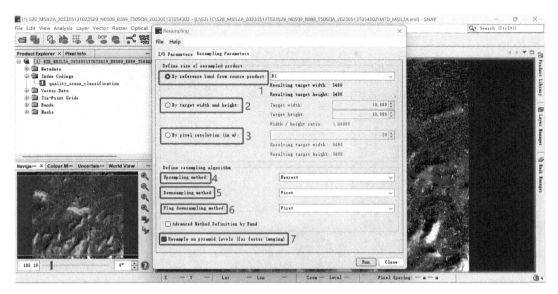

图 3.23　重采样操作中的参数

像元值;4 个栅格中的平均像元值;4 个栅格中的中位数像元值)。

选项 6:后面这个辅助标记选项(只针对降采样)较为复杂,有 First、Min、Max、Minmedian、Maxmedian,一般不需要用到它,保持默认。

选项 7:创建重采样的金字塔文件,有利于加快图像显示,缺点是会增加一些额外的存储空间,保持默认即可。

②方法二:使用专门的 Sentinel-2 重采样工具(图 3.24,图 3.25)。

操作流程:Optical→Geometric→S2 Resampling Processor。

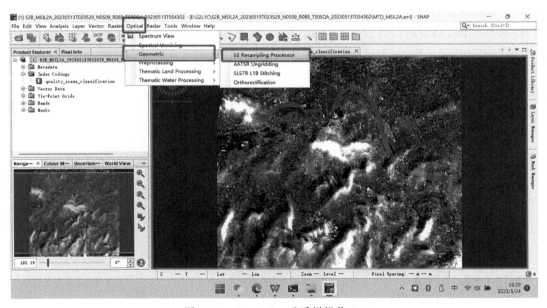

图 3.24　Sentinel-2 重采样操作(1)

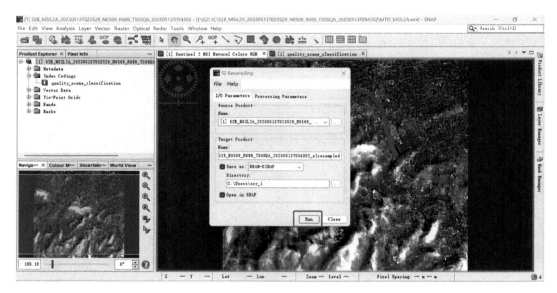

图 3.25　Sentinel-2 重采样操作(2)

（3）超分辨率合成操作

重采样能够解决 Sentinel-2 波段之间分辨率不同的问题，但这不一定是最优的解决方案。许多光学影像提供全色影像，用于和多光谱波段融合，以提高其分辨率，然而，Sentinel-2 影像并没有全色波段，所以欧洲航天局提供一个第三方插件 Sen2Res，可以实现 20 m、60 m 各波段的超分辨率合成，合成为 10 m 的波段，合成的效果大大优于重采样的结果。需要注意的是，使用 Sen2Res 插件时，耗时较长，建议只针对云量很少近无云的影像进行或者在需要精细分类时使用这个模块。Sen2Res 插件的安装和使用，请参照欧洲航天局 STEP 第三方插件 Sen2Res 介绍网站的说明（http://step.esa.int/main/snap-supported-plugins/sen2res/）。

使用 Sen2Res 插件进行超分辨率合成：导入原始的 Sen2Cor 校正后得到的 Level-2A 数据，点击 Optical→Sentinel-2 Super Resulotion，打开 Sen2Res 超分辨率合成操作界面（图 3.26）。

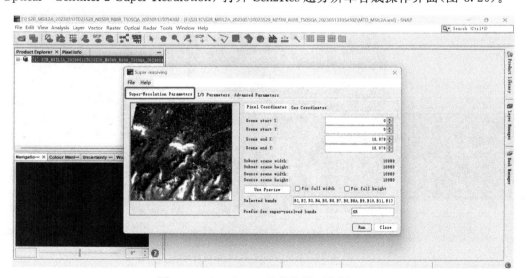

图 3.26　Sen2Res 工具操作界面介绍(1)

设置输出目录(图 3.27)。

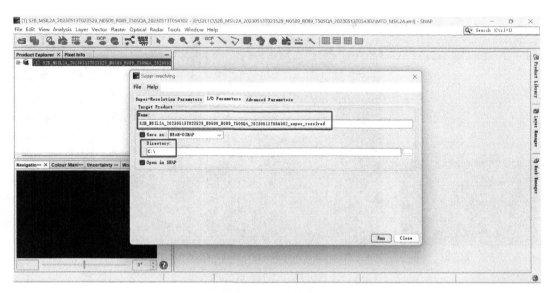

图 3.27　Sen2Res 工具操作界面介绍(2)

Sen2Res 提供了高级参数设置,建议保持默认设置即可(图 3.28)。

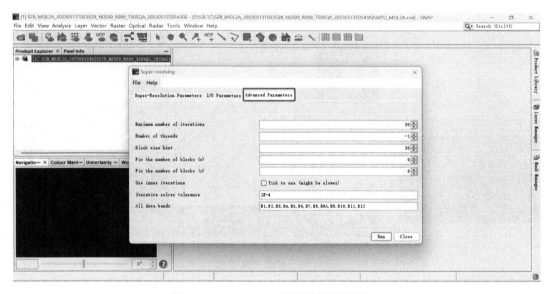

图 3.28　Sen2Res 工具操作界面介绍(3)

(4)剪裁操作

日常使用时,经常需要剪裁两个 Sentinel-2 Level-2A 数据集,然后将这两个数据集镶嵌起来。下面以两个 Sentinel-2 Level-2A 数据集为例,剪裁后得到太湖地区数据集(图 3.29)。

先点击一个数据集,再点击 Ratser→Subset(图 3.30)。

关于子集剪裁的几个操作方法:

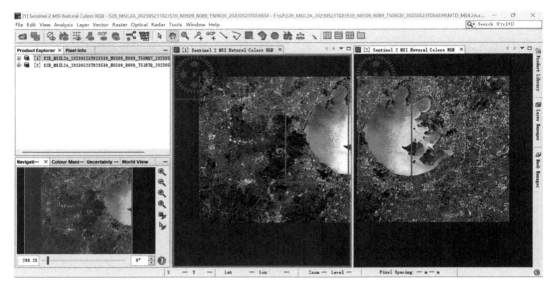

图 3.29 剪裁前的 2 个完整数据集

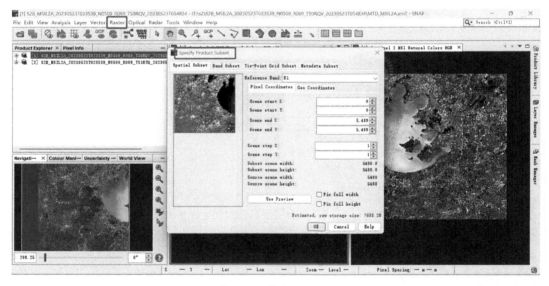

图 3.30 剪裁工具界面

①通过像元坐标范围确定

直接控制输出的栅格尺寸范围,可以设置 X、Y 轴方向栅格的起点、步长和终点。图像坐标系是以左上角为原点开始的,向右为 X 轴,向下为 Y 轴(图 3.31)。

②通过地理坐标范围确定

知道剪裁范围的经纬度边界,可以使用这种方式(注意:单位是度,不是度分秒,度分秒需转化为度)(图 3.32)。

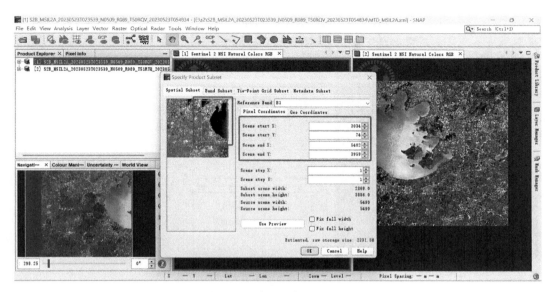

图 3.31　像元坐标选择界面

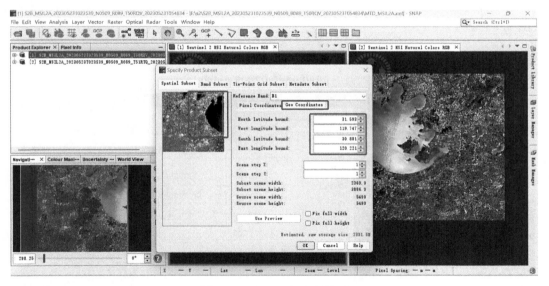

图 3.32　地理坐标选择界面

若不将度分秒转化坐标单位为度的话,可以参照图 3.33 设置显示带小数点以度为单位的经纬度坐标。在右下角的黑色方框可以查看影像中对应的经纬度,从而确定边界范围(图 3.33)。

③通过波段选择剪裁

原始的 Sentinel-2 数据除了 B1～B12(无 B10 波段栅格数据)外,还含有许多辅助的栅格数据,根据需要选择波段,通常只需要选择原始 B1～B12(无 B10)这些波段就行,其他的都可以不选,以减少数据量。但是,如果想保留原始的掩膜数据,须勾选 quality_scene_clas-

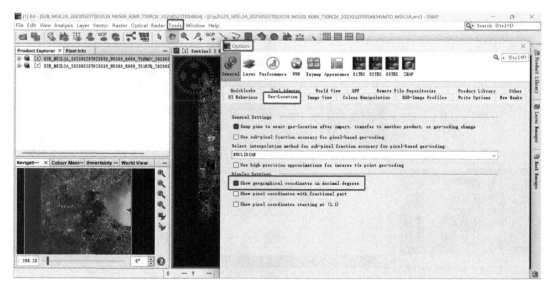

图 3.33　地理坐标转换工具

sification 栅格波段，因为 Masks 文件夹的 scl 文件下的掩膜数据依赖于这个场景分类栅格图件（图 3.34）。

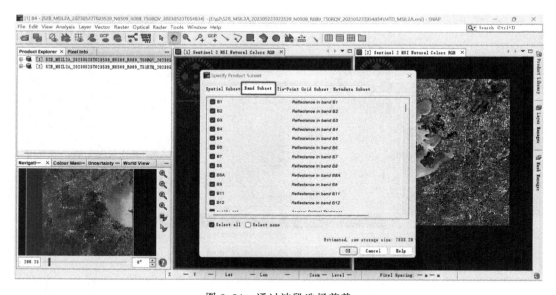

图 3.34　通过波段选择剪裁

④元数据剪裁

此参数不能改，点击 OK 直接输出（图 3.35）。

注意：生成剪裁数据集后，需确保数据保存，右击生成剪裁数据集，点击 Save。

（5）镶嵌操作

以剪裁好的同一天的两个 Sentinel-2 Level-2A 的数据集为例（图 3.36）。

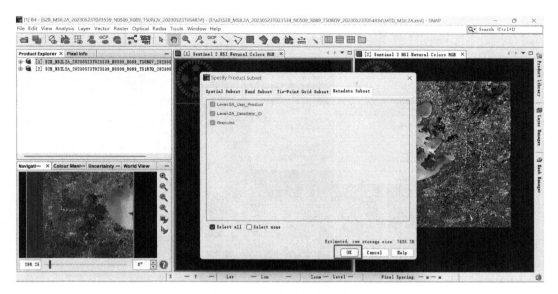

图 3.35　元数据剪裁界面

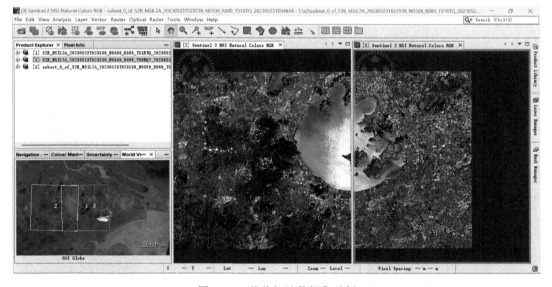

图 3.36　剪裁好的数据集示例

①普通镶嵌操作

点击 Raster→Geometric→Multi-size Mosaic(图 3.37)。

输入输出参数(I/O Prameters)：

点击"＋"号添加数据,输入镶嵌后的数据文件名和输出目录(图 3.38)。

地图投影定义(Map Projection Definition)：

坐标系定义(Custom CRS)：输入的 Sentinel-2 Level-2A 数据为正射校正的 UTM/WGS 投影坐标系,为了与原坐标系一致,最好选择 UTM/WGS(Automatic),会自动确定投影带。

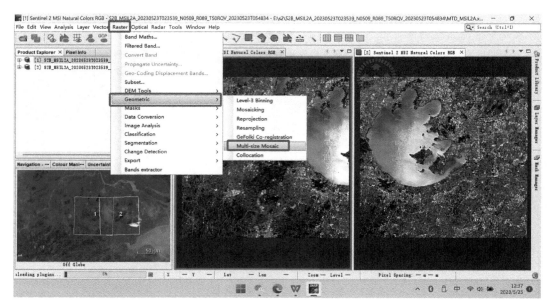

图 3.37　普通镶嵌操作界面

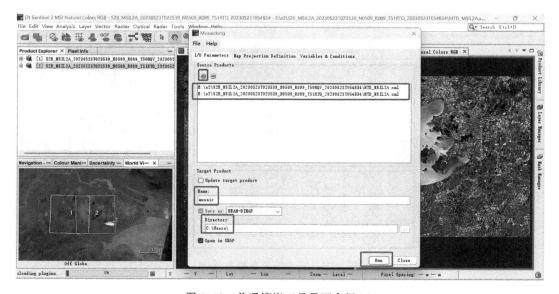

图 3.38　普通镶嵌工具界面介绍(1)

正射校正参数(orthorectification):不需要再选正射校正参数,因为 Sentinel-2 Level-2A 数据已经经过正射校正了。

镶嵌边界(Mosaic Border):原始的边界经纬度不用动,像元分辨率设置为 10 m(需手动设置)。

其他可以点击放大镜查看源数据的范围和位置(图 3.39)。

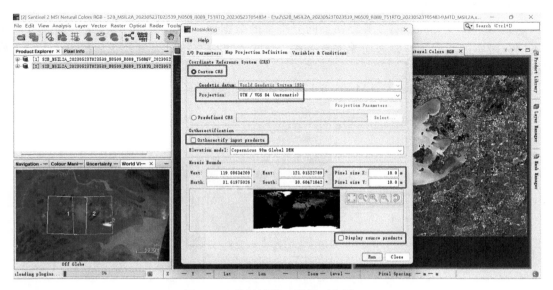

图 3.39　普通镶嵌工具界面介绍(2)

变量和条件(Variales&Conditions)：

变量(Variables)：指的是选择的波段,第一个红框添加的是源数据的波段,第二个红框添加的是变量,可以通过波段运算表达式(Expression)确定,比如新建一个变量 B2_add_B3,Expression 可设置为：B2+B3,这样镶嵌后的数据集就会包含这个变量波段 B2_add_B3。

条件(conditions)：这个是逻辑条件设置,可以设置某一波段的逻辑条件,例如 B8>3000等(只会对 B8 波段大于 3000。为什么可以是 3000？Sentinel-2 Level-2A 数据大气校正后反射率放大了 10000 倍,反射率为 0~10000 的整数),某种意义上这可以实现掩膜操作(图3.40)。

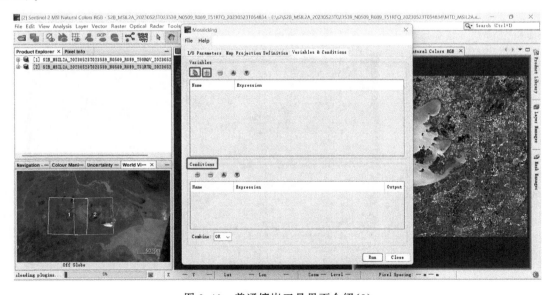

图 3.40　普通镶嵌工具界面介绍(3)

②多尺度镶嵌操作

这是 SNAP 为 Sentinel-2 等存在不同分辨率的数据而开发的镶嵌模块,这个操作可以对在不同分辨率的数据进行镶嵌而无需重采样。意味着可以直接对大气校正后的 Sentinel-2 数据进行镶嵌。

点击 Raster→Geometric→Multi-size Mosaic(图 3.41)

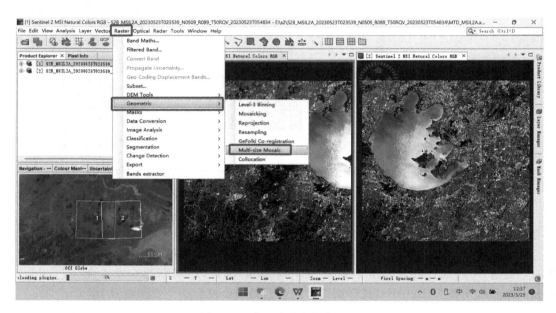

图 3.41　多尺度镶嵌操作界面

参数和普通的 Mosaic 参数基本一样,不再重复。

镶嵌结果如图 3.42。

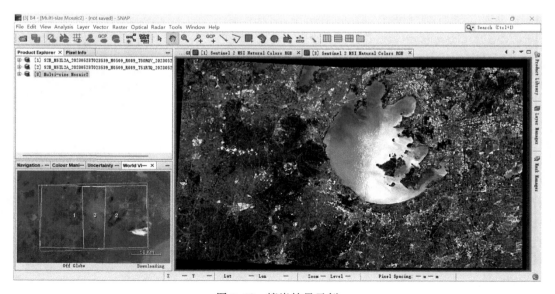

图 3.42　镶嵌结果示例

（6）去云掩膜操作

去云掩膜操作亦可在重采样或者超分辨率合成后进行，此处以镶嵌后进行该操作为例。

打开镶嵌后的 quality_scene_classification 波段，点击颜色操作板（Colour Manipulation），此时为灰度图，这里需要导入一个颜色表（图 3.43）。

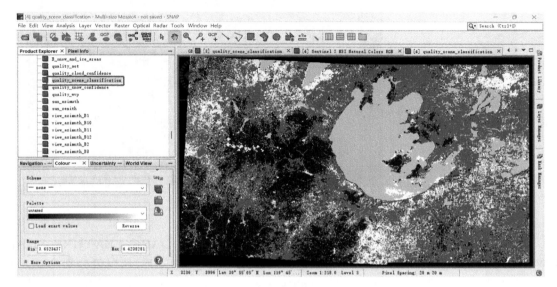

图 3.43　去云掩膜操作步骤（1）

颜色表可以从任一剪裁后的 quality_scene_classification 保存，文件名为 scene_classification. cpd，建议保存路径：C:\Users\用户名\. snap\auxdata\color_palettes（图 3.44）

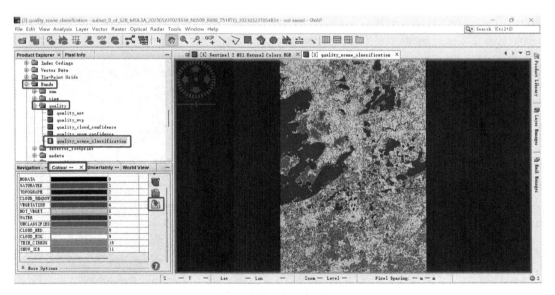

图 3.44　保存剪裁后的数据集颜色表步骤

再将颜色表导入到镶嵌完成后的灰度图里（图 3.45）。

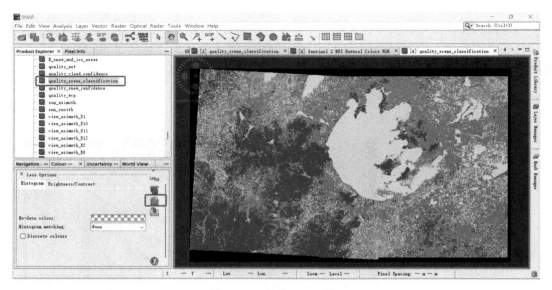

图 3.45　导入颜色表步骤

因为没有 label 值,需要查看原剪裁数据颜色表中的编码值,DARK_FEATURE_SHADOW、CLOUD_SHADOW、CLOUD_HIGH_PROBA、THIN_CIRRUS,编码值分别为 2、3、9、10,用来创建栅格掩膜文件。镶嵌后的 quality_scene_classification 波段的像元值为浮点值,对应的编码值为 2.0、3.0、9.0、10.0。

波段运算创建掩膜:打开镶嵌后的 quality_scene_classification 波段,右击,选择 Band Maths(或者选择 Raster→Band Maths)(图 3.46)。

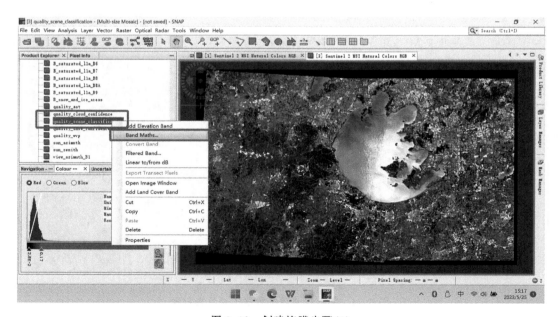

图 3.46　创建掩膜步骤(1)

设置波段名(Name)，把 Virtual 前面的勾去掉，点击 Edit Expression 选项设置表达式(图 3.47)。

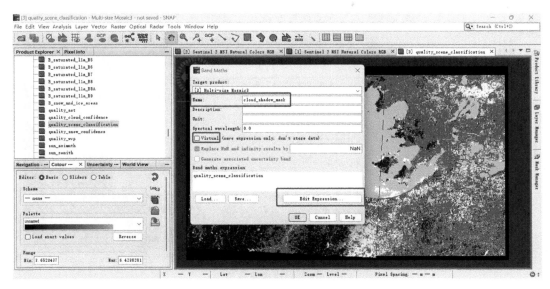

图 3.47　创建掩膜步骤(2)

在 Edit Expression 中可以看到波段名(Data sources，可以用于选择某个波段)；Constants(表示重要的常数，例如 Pi，E 等)；Operators(包含算术(加减乘除等运算)、关系(大于、小于等运算)、逻辑运算操作符(与，非运算等))；Functions(表示函数，包含基本的数学函数，例如绝对值函数、三角函数等)；@为占位符，需用波段名或数字(常数 Constants)代替(图 3.48)。

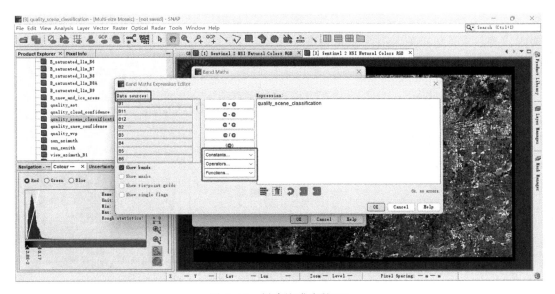

图 3.48　创建掩膜步骤(3)

从 Operators 选择 if then else 条件语句创建 0—1 掩膜图像，滚动 Data sources 的滑动滚

动条,以便选择波段 quality_scene_classification 代替占位符@(图 3.49)。

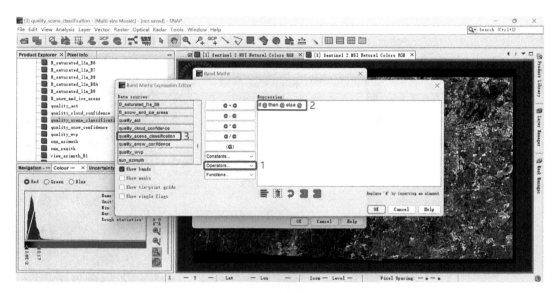

图 3.49 创建掩膜步骤(4)

完整语句为:

if(quality_scene_classification==2.0)or(quality_scene_classification==3.0)or(quality_scene_classification==9.0)or(quality_scene_classification==10.0)then 0 else 1

注意右下角的提示语句,如果是绿色,表示语法没问题;如果是红色,则会出现错误(图 3.50)。

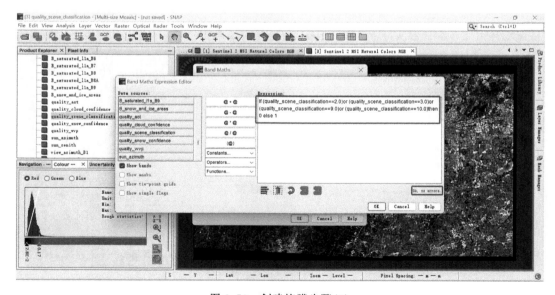

图 3.50 创建掩膜步骤(5)

点击 OK,返回界面同样点击 OK。

（7）掩膜操作

SNAP 中并没有使用栅格进行掩膜的功能，不过 SNAP 每个波段都可以设置显示有效像元值。利用这个特点也是可以实现栅格掩膜的。

对于镶嵌后的每个波段（例如波段 1），右击选择 Properties（图 3.51）。

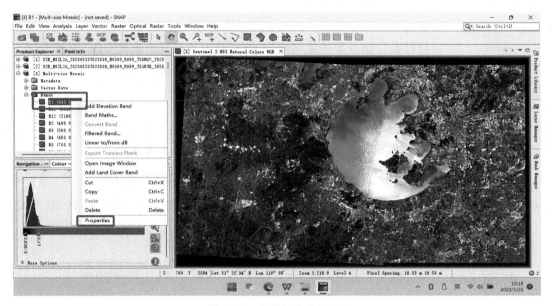

图 3.51　掩膜操作步骤（1）

将 Valid-Pixel Expression（有效像元表达式）设置为（点击右边黑圈的"…"，可以修改表达式）：cloud_shadow_mask> 0.0，可以利用别的波段来创建这个有效像元表达式（图 3.52）。

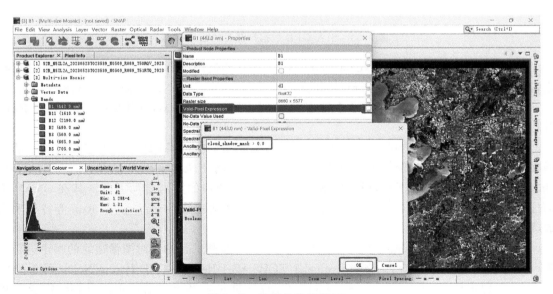

图 3.52　掩膜操作步骤（2）

点击 OK→Close 即可。

3.3　雷达卫星数据预处理

3.3.1　Sentinel-1 雷达卫星数据预处理

3.3.1.1　Sentinel-1 数据预处理步骤

　　Sentinel-1 GRD 数据是作物分类的常用数据,欧洲航天局开放下载的 GRD 文件经过了一系列预处理,为了得到作物分类的常用数据 VH 和 VV 数据,但还需要进一步处理。Sentinel-1 数据的处理主要有以下几个步骤:①打开待处理文件;②热噪声去除(Thermal Noise Removal);③轨道文件校正(Apply Orbit File);④去除边界噪声(Remove GRD Border Noise);⑤辐射定标(Calibration);⑥ 散斑滤波(Speckle Filter);⑦ 多普勒地形校正(Range Doppler Terrain Correction);⑧转换成分贝(Linear To From dB)。具体步骤如下。

　　(1)打开待处理文件。打开 SNAP 软件后,点击左上角 ▢ 选择需要处理的文件,确定后在软件 Product Explorer 中显示所打开的文件,点击文件左侧的加号可以显示文件信息(图 3.53)。

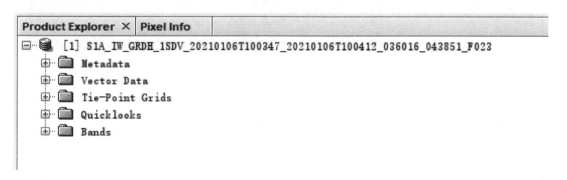

图 3.53　S1A_GRD 数据打开后的数据信息

　　(2)热噪声去除(Thermal Noise Removal)。该功能使用产品中提供的噪声查找表进行校正,其在 SNAP 中的位置为 Radar→Radiometric→S-1 Thermal Noise Removal(图 3.54)。

　　Processing Parameters 选项卡中勾选 Remove Thermal Noise,其他保持默认,点击 Run,等待程序处理完成。

　　(3)轨道文件校正(Apply Orbit File)。欧洲航天局提供的 GRD 文件中包含的轨道信息通常不精准,需要使用精密轨道文件进行轨道精校正,精密轨道文件可在 https://s1qc.asf.alaska.edu/aux_poeorb/下载,或者由 SNAP 软件根据处理的数据自动下载。其在 SNAP 中的位置为 Radar→Apply Orbit File。选择上一步骤中处理完成的产品,点击 Run 等待处理完成(图 3.55)。

　　(4)边界噪声去除(Remove GRD Border Noise)。该步骤的目的是对图像边缘的噪声进行去除,其在 SNAP 中的位置为 Radar→Sentinel-1 TOPS→S-1 Remove GRD Border Noise(图 3.56)。

　　(5)辐射定标(Calibration)。Sentinel-1 GRD 数据是未经过辐射校正的,因此,需要将辐射信号转化为有物理意义的散射系数,即将 DN 值转化为后向散射吸收 sigma nought。其在 SNAP 中的位置为 Radar→Radiometric→Calibrate(图 3.57)。

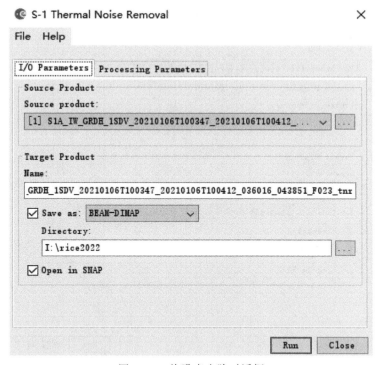

图 3.54　热噪声去除对话框

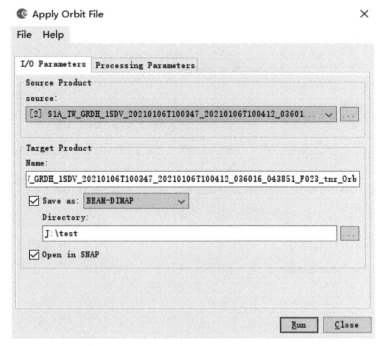

图 3.55　轨道文件校正对话框

图 3.56　边界噪声去除对话框

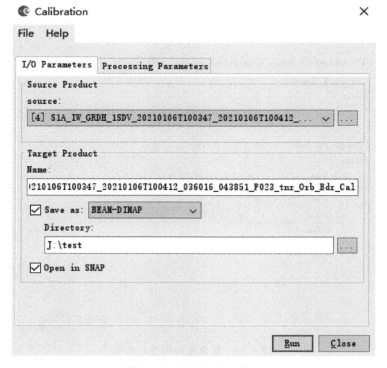

图 3.57　辐射定标对话框

（6）散斑滤波（Speckle Filter）。为了尽量地消除散斑影响，对辐射定标后的数据进行滤波处理，SNAP 中集成了该算法，其位置在 Radar→Speckle Filtering→Single Product Speckle Filter（图 3.58）。

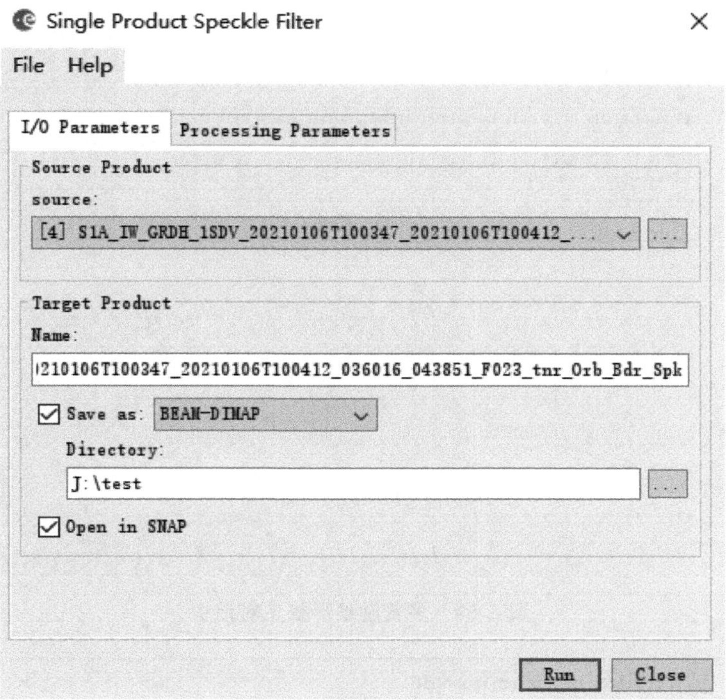

图 3.58　散斑滤波对话框

（7）多普勒地形校正（Range Doppler Terrain Correction）。由于地形的变化和雷达发射接收器的倾斜，SAR 图像中的影像距离可能发生变形，距离星下点越远，距离越大。因此，进行距离多普勒校正有助于校正这些变形。其在 SNAP 中的位置为 Radar→Geometric→Terrain Correction→Range-Doppler Terrain Correction。在参数设置对话框中，DEM 选择 SRTM 1Sec HGT（Auto Download）（30 m 分辨率），Pixel Spacing 保持 10 m 不变，并取消勾选 Mask out areas without elevation（图 3.59）。

（8）转换成分贝（Linear To From dB）。辐射定标后得到了线性比例单位的后向散射系数，其值通常是很小的正值。散斑滤波和多普勒地形校正不会改变其物理意义，为了便于后续数据可视化和分析处理，建议将数据分贝化。其在 SNAP 中的位置为 Raster→Data Conversion→Converts bands to/from dB（图 3.60）。

3.3.1.2　Sentinel-1 数据流程化处理

分步处理 Sentinel-1 数据，每一步均需读取和写入数据，这极大地增加了处理时长，SNAP 软件中提供了流程化处理工具，通过 Tools→Graph Builder 打开流程图配置对话框（图 3.61），在空白处右击鼠标 Add 添加上述处理步骤，并配置每步处理参数，确定输入数据集和输出文件位置，点击 Run 即可进行流程式计算。下面演示流程图的构建（图 3.62）。

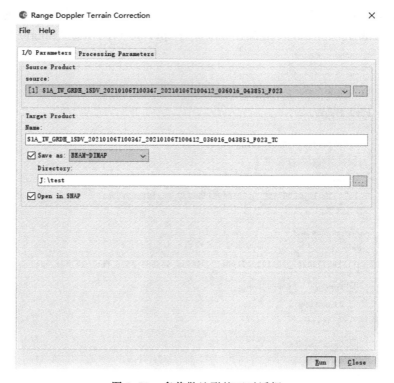

图 3.59　多普勒地形校正对话框

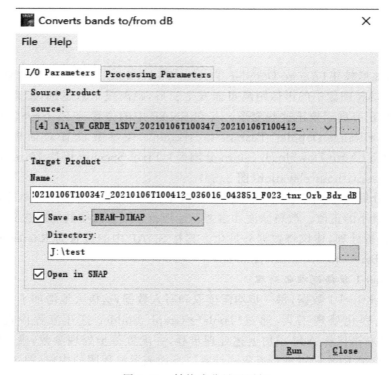

图 3.60　转换成分贝对话框

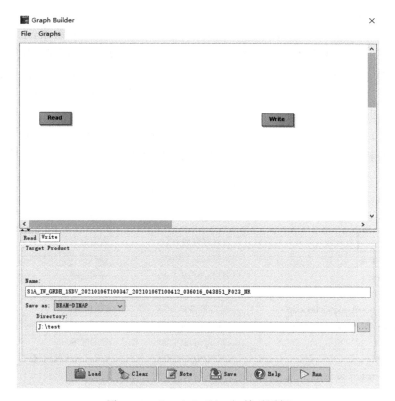

图 3.61　Graph Builder 初始对话框

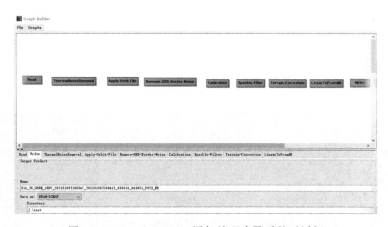

图 3.62　Graph Builder 添加处理步骤后的对话框

　　之后右击点击 Connect Graph,会根据顺序自动进行处理流程链接,若出现链接错误,则右击错误模块,点击 Remove Source,然后鼠标放于在上一模块右侧边缘,手动链接下一模块。仔细配置每个处理模块的参数,确保所有参数正确。

　　Graph Builder 下部的 Save 按钮可以保存建立的流程图供下次使用,Load 按钮可以载入已经保存的流程图,Run 按钮开始执行流程,等待程序处理完成即可得到预处理完成的分贝化后的 GRD 数据。

3.3.1.3 *Sentinel-1 数据批量流程化处理*

上一节中介绍了 Sentinel-1 数据流程化处理,如果需要处理一批数据,上述操作仍然需要进行多次人机交互,这显然降低了处理效率。通常情况下,一次作物识别研究的感兴趣区是固定的,可配置相同的处理参数,因此,可以批量下载数据后,使用 SNAP 软件提供的命令行工具 GPT 模块进行批量数据的流程化处理,以减轻操作人员的劳动成本,使操作人员将更多的精力应用在后续研究中。

GPT 命令行工具由 SNAP 软件提供,SNAP 安装完成后,GPT 会自动安装到 SNAP 所在目录。例如,当 SNAP 安装在 D:\Program Files\snap 目录下时,GPT 工具在 bin 文件夹下(图 3.63)。

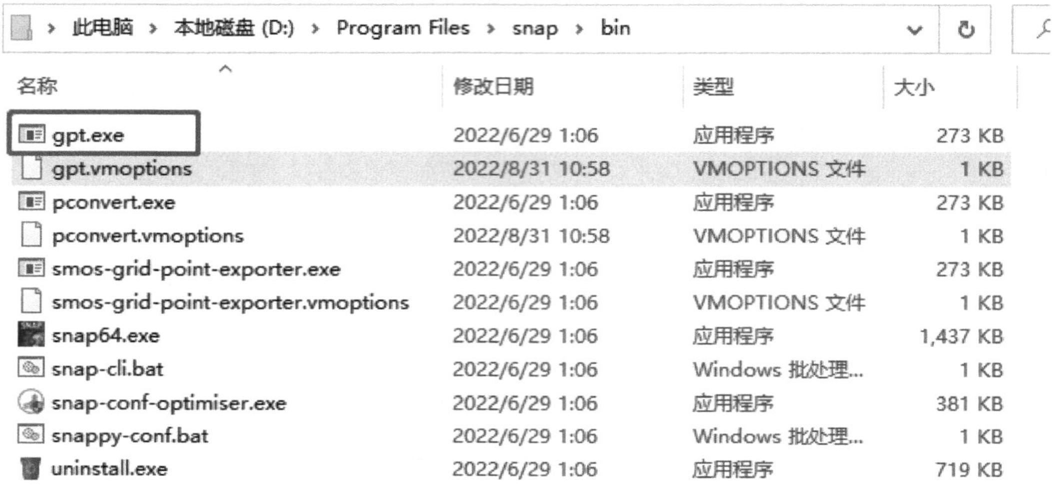

图 3.63 GPT 应用程序所在目录

GPT 命令调用,需要在 CMD 命令窗口下进行,打开 CMD 窗口并输入"cd D:\Program Files\snap\bin" 和"d:"两条命令以切换到 GPT 所在目录,输入"gpt -h"会显示 GPT 命令行工具的使用帮助(图 3.64)。

图 3.64 GPT 调用命令及其帮助

在掌握 GPT 运行方式后，需要修改上一节 Graph Builder 保存的 xml 文件，将文件中的输入和输出文件名替换为"＄input"和"＄output"以适应批处理状态下的输入输出文件自动替换。具体替换位置如图 3.65、图 3.66 所示：

图 3.65　xml 输入文件替换位置

图 3.66　xml 输出文件替换位置

在修改完成 xml 文件后将其保存，然后在 CMD 中输入下面的命令"for /r "I:\S1_data" %X in （＊.zip) do (gpt I:\ S1_data \S1p-single. xml -Pinput＝%X　-Poutput=" I:\S1_data _process\ %～nX_out. hdr")"。命令中"/r "I:\S1_data""表示迭代目录，即需要批处理数据所在文件夹，"%X"表示设置的迭代变量，即某个（.zip)文件名的绝对路径，"I:\ S1_data \ S1p-single. xml"表示要处理的流程图文件的绝对路径，即上一步修改完成的 xml 文件，"-Pinput＝%X"其中-Pinput 表示流程图中 input 变量(-P 参数变量)，%X 表示引用的文件名，"-Poutput=" I:\S1_data _process\ %～nX_out. hdr")"中-Poutput 表示流程图中的 output 变量(-P 参数变量)，I:\S1_data _process 表示输出文件的父目录，"%～nX_out. hdr"表示取出去掉文件名的后缀名 .zip，并加了后缀_out. hdr。

运行上述命令后，即可批量处理完成 S1_data 中的所有数据。但需要注意的是，批量流程图处理需要较大的可用内存和 C 盘剩余空间。

3.3.1.4　带有相邻顺序轨道拼接的批量流程化处理

上一节中，使用了 GPT 工具实现了数据的批量化流程处理。如果研究区域是由相邻顺序轨道拼接组合而成的，那么还需要对流程图进行修改，增加数据拼接模块。此外，数据往往存放于同一文件夹中，还需配合编程软件，按条件获取同一轨道文件的文件名，按规则生成 GPT 处理脚本来解决这一问题。

在数据拼接前，增加另一文件的读取、热噪声去除、轨道文件校正、去除边界噪声和辐射定标步骤，然后在辐射定标之后增加 SliceAssemly 模块进行数据拼接，增加 Subset 模块剪裁出研究区域，具体处理流程如图 3.67。

完成流程图后点击 Save 按钮保存流程图，按照上一节类似的方法将文件中的 2 个输入文

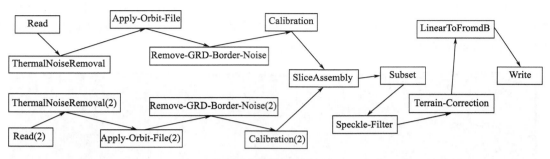

图 3.67　带有相邻顺序轨道拼接的批量流程

件和 1 个输出文件名分别替换为"＄input1""＄input2"和"＄output"。

考虑到直接使用 CMD 循环命令难以实现同一文件夹中,同一天相邻顺序文件的循环选取,介绍使用 Python 语言进行文件循环和批量处理。处理代码如下。

(1)导入库

```
import os
import glob
import subprocess
import time
```

(2)定义 Sentinel-1 IW GDRH 数据压缩包存放路径,流程图文件路径,输出路径。

```
data_path＝r 'I:\ S1_data '
xml_file＝r' I:\ S1_data \S1p-2files. xml'
output_path＝r' I:\S1_data _process '
```

(3)查找数据文件名,并按照文件名进行排序,确保同一天的影像是相邻的。

```
datas＝sorted(glob. glob(os. path. join(data_path, ' * . zip')))
```

(4)对文件进行拆分,本示例中同一轨道每天具有 2 景影像,故拆分为 2 个列表。

```
part1_datas＝datas[::2]
part2_datas＝datas[1::2]
```

(5)对同一天、同一轨道的文件循环处理。

```
for input1, input2 in zip(part1_datas, part2_datas):
        ♯获取输入文件 1 的文件名
        basename_input1＝os. path. basename(input1)
        ♯提取影像的过境日期,后续使用过境日期命名文件
        date＝basename_input1. split('_')[4][:8]
        ♯打印日期
        print("date:", date)
        out_file＝'S1_out_'＋date
```

```
          ♯输出文件的绝对路径
          output＝os. path. join(output_path, out_file)
          ♯要调用的命令行参数列表
          command＝['D:\Program Files\snap\bin\gpt', xml_file, '-Pinput1＝'+input1,
                      '-Pinput2＝'+input2, '-Poutput＝'+output]

          subprocess. check_output(command)

          ♯休眠 30s,等待释放内存,避免 gpt 因为内存不能及时释放,拖慢程序运行或
者导致出错
          time. sleep(30)
      print("All done!")
```

以上分别介绍了 Sentinel-1 IW GRD 影像的 SNAP 图形化单步处理、图形化流程式处理和 GPT 命令行工具的批量数据流程化处理,数据处理人员只需要根据自身需要,选择适当的处理方式,便可以轻松处理 Sentinel-1 IW GRD 影像,降低数据预处理的人工成本。

3.4　高分三号雷达卫星数据使用

3.4.1　数据预处理

高分三号(GF-3)卫星 SAR 天线具有多极化、多工作模式能力,采用平面二维扫描固态有源相控阵天线体制,实现聚束、条带、扫描等多种 SAR 成像模式,能够高精度定量化地对海洋、陆地信息进行探测,充分发挥了微波遥感卫星的系统效能。GF-3 卫星数据包括 Level-0～Level-3 标准产品及 Level-4 行业应用产品,标准产品的生产是 GF-3 卫星数据应用必不可少的处理步骤。表 3-1 简要介绍了 GF-3 数据的处理流程,将 GF-3 数据从 Level-1A 数据处理为 Level-2 数据将便于后续的应用分析。

表 3-1　GF-3 数据预处理流程

产品名称	产品形式	定　义
Level-1A	单视复数产品(SLC)	根据卫星参数,进行成像处理、相对辐射校正后获得的斜距复数产品,提供斜地转换系数;复数据产品保留幅度、相位、极化信息
Level-1B	单视图像产品(SLP)	根据卫星参数,进行成像处理、相对辐射校正的图像数据斜距产品
	多视图像产品(MLP)	根据卫星参数,进行成像处理、多视处理、相对辐射校正、拼接后获得的图像数据产品

在作物判识过程中,后向散射系数是常用的信息。GF-3 数据通常属于 Level-1A 产品,需要经过辐射定标处理,才能得到后向散射系数。GF-3 后向散射系数 σ_{dB}^{0} 的计算可通过下式实现:

$$\begin{cases} \sigma_{dB}^{0}=10\log_{10}(P^{I}\times(\dfrac{\text{QualifyValue}}{32767})^{2})-K_{dB}, \sigma_{dB}^{0}>NE_{\sigma_{dB}^{0}} \\ \sigma_{dB}^{0}=NE_{\sigma_{dB}^{0}}, \sigma_{dB}^{0}\leqslant NE_{\sigma_{dB}^{0}} \end{cases}$$

其中:$P^{I}=I^{2}+Q^{2}$,I 为 Level-1A 产品像元值的实部,Q 为 Level-1A 产品像元值的虚部;QualifyValue 为该景图像量化前的最大值,K_{dB} 为定标常数,这两个常数值可在元数据文件(*.meta.xml)中分别通过 QualifyValue 和 CalibrationConst 字段查询获取。式中 P^{I} 值须大于零,否则无数学解。在一幅 SAR 图像中,σ_{dB}^{0} 的最小值对应于 SAR 传感器的等效噪声系数($NE_{\sigma_{dB}^{0}}$),它是 SAR 传感器辐射灵敏度的衡量指标。

可以使用 Python 调用 GDAL 的应用编程接口,实现 GF-3 数据辐射校正、几何校正、滤波处理和多视处理等预处理。本节示范代码引自 https://github.com/ytkz11,示例数据为 2017 年 9 月 20 日 GF-3 数据。

步骤 1:导入库。

```
import os
from osgeo import gdal
from osgeo import osr
from osgeo import gdal,gdalconst,osr
import re
impor tnumpy as np
import xml. etree. ElementTree as ET
import warnings
from numpy import inf
from scipy import ndimage
from scipy. ndimage import uniform_filter
from scipy. ndimage import variance
```

步骤 2:获取需要预处理的 GF-3 xml 文件名和数据。

```
defGet_File_Name(pathlog):
    os. chdir (pathlog)
#  xml 元数据信息,获取文件名
    for f_name in os. listdir (pathlog):
        if f_name. endswith ('. meta. xml'):
            print (f_name)
            xmlfile=f_name
image_fn=[]
    for f_name in os. listdir (pathlog):
        if f_name. endswith ('. tiff'):
            print (f_name)
            image_fn. append (f_name)
    HH=[]
    HV=[]
    VH=[]
```

```
        VV=[]
        for image_name in image_fn:♯ 非扫描模式,每种极化只有一个文件
            if "NSC" not in image_name:
                if "HH" in image_name:♯ 双水平极化
                    HH=image_name
                elif 'HV' in image_name:♯ 交叉 HV 极化
                    HV=image_name
                elif 'VH' in image_name:♯ 交叉 VH 极化
                    VH=image_name
                elif 'VV' in image_name:♯ 双垂直极化
                    VV=image_name
                elif 'DH' in image_name:♯ 双孔径水平极化,即 HH
                    HH=image_name
                elif 'DV' in image_name:♯ 双孔径垂直极化,即 VV
                    VV=image_name
            else:♯ 扫描模式,每种极化有好几个文件
                if "HH" in image_name:♯ 双水平极化
                    HH. append(image_name)
                elif 'HV' in image_name:♯ 交叉 HV 极化
                    HV. append(image_name)
                elif 'VH' in image_name:♯ 交叉 VH 极化
                    VH. append(image_name)
                elif 'VV' in image_name:♯ 双垂直极化
                    VV. append(image_name)
        return xmlfile, HH, HV, VH, VV
```

步骤 3:读取 xml 文件,获取量化最大值 QualifyValue 和定标常数 Calibration。

```
    ♯ 读取 xml 文件,获取量化最大值 QualifyValue 和定标常数 Calibration
    defGet_QualifyValue_And_Calibration(xmlfile):
        tree=ET. parse（xmlfile）
        ♯获取 xml 里面相关的元素信息
        root=tree. getroot（）
        ♯ QualifyValue 参数位于 13 到 17 字节
        HH_QualifyValue=root[17][13][0]. text
        HV_QualifyValue=root[17][13][1]. text
        VH_QualifyValue=root[17][13][2]. text
        VV_QualifyValue=root[17][13][3]. text
        QualifyValue=［HH_QualifyValue, HV_QualifyValue, VH_QualifyValue, VV_
QualifyValue］
        QualifyValue_new=[]
        fori in QualifyValue:
            ifi ! ='NULL':
```

```
                    i=float (i)
                    QualifyValue_new. append (i)
                else：
                    i=np. NAN
                    QualifyValue_new. append (i)
        HH_CalibrationConst=root[18][3][0]. text
        HV_CalibrationConst=root[18][3][1]. text
        VH_CalibrationConst=root[18][3][2]. text
        VV_CalibrationConst=root[18][3][3]. text
        CalibrationConst=[HH_CalibrationConst，HV_CalibrationConst，VH_Calibra-
        tionConst，VV_CalibrationConst]
        CalibrationConst_new=[]
        fori in CalibrationConst：
            ifi ! ='NULL'：
                i=float (i)
                CalibrationConst_new. append (i)
            else：
                i=np. NAN
                CalibrationConst_new. append (i)
        return QualifyValue_new，CalibrationConst_new
# 根据数据对应的极化方式,赋值对应的 QualifyValue，Calibration
defConfirm_The_IMG_type(file)：
        QualifyValue_new，CalibrationConst_new=Get_QualifyValue_And_Calibration (xmlfile)
        if 'HH' in file：
            QualifyValue_1A=QualifyValue_new[0]
            Calibration=CalibrationConst_new[0]
        if 'HV' in file：
            QualifyValue_1A=QualifyValue_new[1]
            Calibration=CalibrationConst_new[1]
        if 'VH' in file：
            QualifyValue_1A=QualifyValue_new[2]
            Calibration=CalibrationConst_new[2]
        if 'VV' in file：
            QualifyValue_1A=QualifyValue_new[3]
            Calibration=CalibrationConst_new[3]
        if 'DH' in file：
            QualifyValue_1A=QualifyValue_new[0]
            Calibration=CalibrationConst_new[0]
        if 'DV' in file：
            QualifyValue_1A=QualifyValue_new[3]
            Calibration=CalibrationConst_new[3]
        return QualifyValue_1A，Calibration
```

步骤 4：获取 RPC 文件名。

```
# 函数 Get_Rpc_file 适用于 FSⅠ，FSⅡ，QPSⅠ，UFS 成像模式
defGet_Rpc_file(pathlog)：
    os. chdir (pathlog)
    rpc_fn＝[]
    # 获取 rpc 文件路径
    forf_name in os. listdir (pathlog)：
        iff_name. endswith ('. rpc')：
            rpbfile＝f_name
            rpc_fn. append (rpbfile)
        elif f_name. endswith ('. rpb')：
            rpbfile＝f_name
            rpc_fn. append (rpbfile)
    # 根据传感器极化方式匹配到对应的 rpc 文件
    HH_rpc＝[]
    HV_rpc＝[]
    VH_rpc＝[]
    VV_rpc＝[]
    for rpc_name in rpc_fn：
        if "HH" in rpc_name：
            HH_rpc＝rpc_name
        if 'HV' in rpc_name：
            HV_rpc＝rpc_name
        if 'VH' in rpc_name：
            VH_rpc＝rpc_name
        if 'VV' in rpc_name：
            VV_rpc＝rpc_name
        if 'DH' in rpc_name：
            HH_rpc＝rpc_name
        if 'DV' in rpc_name：
            VV_rpc＝rpc_name
    rpcfile_collection＝[HH_rpc, HV_rpc, VH_rpc, VV_rpc]
    return rpcfile_collection
# 函数 Get_Rpc_file 适用于 NSC 成像模式
def Get_Rpc_file_nsc(pathlog)：
    os. chdir (pathlog)
    rpc_fn＝[]
    # 获取 rpc 文件路径
    for f_name in os. listdir (pathlog)：
        if f_name. endswith ('. rpc')：
            rpbfile＝f_name
            rpc_fn. append (rpbfile)
```

```
        elif f_name. endswith ('. rpb'）：
            rpbfile=f_name
            rpc_fn. append （rpbfile）
    ♯ 根据传感器极化方式匹配到对应的 rpc 文件
        HH_rpc=[]
        HV_rpc=[]
        VH_rpc=[]
        VV_rpc=[]
        for rpc_name in rpc_fn：
            if "HH" inrpc_name：
                HH_rpc. append(rpc_name)
            if 'HV' inrpc_name：
                HV_rpc. append(rpc_name)
            if 'VH' inrpc_name：
                VH_rpc. append(rpc_name)
            if 'VV' inrpc_name：
                VV_rpc. append(rpc_name)
            if 'DH' inrpc_name：
                HH_rpc. append(rpc_name)
            if 'DV' inrpc_name：
                VV_rpc. append(rpc_name)
    rpcfile_collection=[HH_rpc，HV_rpc，VH_rpc，VV_rpc]
    return rpcfile_collection
♯ 匹配对应的 rpc 文件
def Confirm_The_rpc_type(file，inputpath)：
    file=os. path. basename(file)♯ 用于获取路径最后一级目录名称
    if('NSC' in file)：
        rpcfile_collection=Get_Rpc_file_nsc(inputpath)
    else：
        rpcfile_collection=Get_Rpc_file(inputpath)
    if 'HH' in file：
        rpcfile01=rpcfile_collection[0]
    if 'HV' in file：
        rpcfile01=rpcfile_collection[1]
    if 'VH' in file：
        rpcfile01=rpcfile_collection[2]
    if 'VV' in file：
        rpcfile01=rpcfile_collection[3]
    if 'DH' in file：
        rpcfile01=rpcfile_collection[0]
    if 'DV' in file：
        rpcfile01=rpcfile_collection[3]
    return rpcfile01
```

```
♯ 根据数据对应的极化方式,赋值对应的 QualifyValue, Calibration
def Confirm_The_IMG_type_nsc(file,xmlfile)：
    QualifyValue_new, CalibrationConst_new＝Get_QualifyValue_And_Calibration（xmlfile）
    if 'HH' in file：
        QualifyValue_1A＝QualifyValue_new[0]
        Calibration＝CalibrationConst_new[0]
    if 'HV' in file：
        QualifyValue_1A＝QualifyValue_new[1]
        Calibration＝CalibrationConst_new[1]
    if 'VH' in file：
        QualifyValue_1A＝QualifyValue_new[2]
        Calibration＝CalibrationConst_new[2]
    if 'VV' in file：
        QualifyValue_1A＝QualifyValue_new[3]
        Calibration＝CalibrationConst_new[3]
    if 'DH' in file：
        QualifyValue_1A＝QualifyValue_new[0]
        Calibration＝CalibrationConst_new[0]
    if 'DV' in file：
        QualifyValue_1A＝QualifyValue_new[3]
        Calibration＝CalibrationConst_new[3]
    return QualifyValue_1A，Calibration
```

步骤 5：读取 GF-3 rpc 文件。

```
def Read_Rpb（rpbfile）：
    with open(rpbfile,'r') as f：
        buff = f.read()
        ♯ rpc 参数相关信息参考网址：http://geotiff.maptools.org/rpc_prop.html
        ERR_BIAS1 = 'errBias' ♯有效值偏置误差
        ERR_BIAS2 = ';'
        ERR_RAND1 = 'errRand' ♯随机误差
        ERR_RAND2 = ';'
        LINE_OFF1 = 'lineOffset' ♯线偏移
        LINE_OFF2 = ';'
        SAMP_OFF1 = 'sampOffset' ♯采样偏移
        SAMP_OFF2 = ';'
        LAT_OFF1 = 'latOffset' ♯大地测量纬度偏移
        LAT_OFF2 = ';'
        LONG_OFF1 = 'longOffset' ♯大地经度偏移
        LONG_OFF2 = ';'
        HEIGHT_OFF1 = 'heightOffset' ♯大地测量高度偏移
        HEIGHT_OFF2 = ';'
```

```
                LINE_SCALE1 = 'lineScale ' #线比例
                LINE_SCALE2 = ';'
                SAMP_SCALE1 = 'sampScale ' #采样比例
                SAMP_SCALE2 = ';'
                LAT_SCALE1 = 'latScale ' #纬度比例
                LAT_SCALE2 = ';'
                LONG_SCALE1 = 'longScale ' #经度比例
                LONG_SCALE2 = ';'
                HEIGHT_SCALE1 = 'heightScale ' #高度比例
                HEIGHT_SCALE2 = ';'
                LINE_NUM_COEFF1 = 'lineNumCoef ' #线分子系数
                LINE_NUM_COEFF2 = ';'
                LINE_DEN_COEFF1 = 'lineDenCoef ' #线分母系数
                LINE_DEN_COEFF2 = ';'
SAMP_NUM_COEFF1 = 'sampNumCoef ' #采样分子系数
                SAMP_NUM_COEFF2 = ';'
SAMP_DEN_COEFF1 = 'sampDenCoef ' #采样分母系数
                SAMP_DEN_COEFF2 = ';'
#通过正则提取指定数值
pat_ERR_BIAS = re. compile(ERR_BIAS1 + '(. * ?)' + ERR_BIAS2, re. S) #正则化
表达式
                result_ERR_BIAS = pat_ERR_BIAS. findall(buff)
                ERR_BIAS = result_ERR_BIAS[0]
                ERR_BIAS = ERR_BIAS. replace("", "")
                pat_ERR_RAND = re. compile(ERR_RAND1 + '(. * ?)' + ERR_RAND2, re. S)
                result_ERR_RAND = pat_ERR_RAND. findall(buff)
                ERR_RAND = result_ERR_RAND[0]
                ERR_RAND = ERR_RAND. replace("", "")
                pat_LINE_OFF = re. compile(LINE_OFF1 + '(. * ?)' + LINE_OFF2, re. S)
                result_LINE_OFF = pat_LINE_OFF. findall(buff)
                LINE_OFF = result_LINE_OFF[0]
                LINE_OFF = LINE_OFF. replace("", "")
                pat_SAMP_OFF = re. compile(SAMP_OFF1 + '(. * ?)' + SAMP_
                OFF2, re. S)
                result_SAMP_OFF = pat_SAMP_OFF. findall(buff)
                SAMP_OFF = result_SAMP_OFF[0]
                SAMP_OFF = SAMP_OFF. replace("", "")
                pat_LAT_OFF = re. compile(LAT_OFF1 + '(. * ?)' + LAT_OFF2, re. S)
                result_LAT_OFF = pat_LAT_OFF. findall(buff)
                LAT_OFF = result_LAT_OFF[0]
                LAT_OFF = LAT_OFF. replace("", "")
                pat_LONG_OFF = re. compile(LONG_OFF1 + '(. * ?)' + LONG_
                OFF2, re. S)
```

```
result_LONG_OFF = pat_LONG_OFF. findall(buff)
LONG_OFF = result_LONG_OFF[0]
LONG_OFF = LONG_OFF. replace("", "")
 pat_HEIGHT_OFF = re. compile(HEIGHT_OFF1 + '(. * ?)' +
HEIGHT_OFF2, re. S)
result_HEIGHT_OFF = pat_HEIGHT_OFF. findall(buff)
HEIGHT_OFF = result_HEIGHT_OFF[0]
HEIGHT_OFF = HEIGHT_OFF. replace("", "")
pat_LINE_SCALE = re. compile(LINE_SCALE1 + '(. * ?)' + LINE_
SCALE2, re. S)
result_LINE_SCALE = pat_LINE_SCALE. findall(buff)
LINE_SCALE = result_LINE_SCALE[0]
LINE_SCALE = LINE_SCALE. replace("", "")
pat_SAMP_SCALE = re. compile(SAMP_SCALE1 + '(. * ?)' + SAMP_
SCALE2, re. S)
result_SAMP_SCALE = pat_SAMP_SCALE. findall(buff)
SAMP_SCALE = result_SAMP_SCALE[0]
SAMP_SCALE = SAMP_SCALE. replace("", "")
pat_LAT_SCALE = re. compile(LAT_SCALE1 + '(. * ?)' + LAT_
SCALE2, re. S)
result_LAT_SCALE = pat_LAT_SCALE. findall(buff)
LAT_SCALE = result_LAT_SCALE[0]
LAT_SCALE = LAT_SCALE. replace("", "")
pat_LONG_SCALE = re. compile(LONG_SCALE1 + '(. * ?)' + LONG_
SCALE2, re. S)
result_LONG_SCALE = pat_LONG_SCALE. findall(buff)
LONG_SCALE = result_LONG_SCALE[0]
LONG_SCALE = LONG_SCALE. replace("", "")
pat_HEIGHT_SCALE = re. compile(HEIGHT_SCALE1 + '(. * ?)' +
HEIGHT_SCALE2, re. S)
result_HEIGHT_SCALE = pat_HEIGHT_SCALE. findall(buff)
HEIGHT_SCALE = result_HEIGHT_SCALE[0]
HEIGHT_SCALE = HEIGHT_SCALE. replace("", "")
pat_LINE_NUM_COEFF = re. compile(LINE_NUM_COEFF1 + '(. * ?)'
+ LINE_NUM_COEFF2, re. S)
result_LINE_NUM_COEFF = pat_LINE_NUM_COEFF. findall(buff)
LINE_NUM_COEFF = result_LINE_NUM_COEFF[0]
LINE_NUM_COEFF2 = ';'
LINE_NUM_COEFF3 = LINE_NUM_COEFF
LINE_NUM_COEFF3 = LINE_NUM_COEFF3. replace("", "")
LINE_NUM_COEFF3 = LINE_NUM_COEFF3. replace('(', '')
LINE_NUM_COEFF3 = LINE_NUM_COEFF3. replace(')', '')
```

```
            LINE_NUM_COEFF3 = LINE_NUM_COEFF3. replace( '\n', '')
            LINE_NUM_COEFF3 = LINE_NUM_COEFF3. replace( '\t', '')
            LINE_NUM_COEFF3 = LINE_NUM_COEFF3. replace( ', ', '')
    pat_LINE_DEN_COEFF = re. compile(LINE_DEN_COEFF1 + '(. * ?)' +
        LINE_DEN_COEFF2, re. S)
        result_LINE_DEN_COEFF = pat_LINE_DEN_COEFF. findall(buff)
        LINE_DEN_COEFF = result_LINE_DEN_COEFF[0]
        LINE_DEN_COEFF3 = LINE_DEN_COEFF
        LINE_DEN_COEFF3 = LINE_DEN_COEFF3. replace("", "")
        LINE_DEN_COEFF3 = LINE_DEN_COEFF3. replace( '(', '')
        LINE_DEN_COEFF3 = LINE_DEN_COEFF3. replace( ')', '')
        LINE_DEN_COEFF3 = LINE_DEN_COEFF3. replace( '\n', '')
        LINE_DEN_COEFF3 = LINE_DEN_COEFF3. replace( '\t', '')
        LINE_DEN_COEFF3 = LINE_DEN_COEFF3. replace( ', ', '')
    pat_SAMP_NUM_COEFF = re. compile(SAMP_NUM_COEFF1 + '(. * ?)' +
        SAMP_NUM_COEFF2, re. S)
        result_SAMP_NUM_COEFF = pat_SAMP_NUM_COEFF. findall(buff)
        SAMP_NUM_COEFF = result_SAMP_NUM_COEFF[0]
        SAMP_NUM_COEFF3 = SAMP_NUM_COEFF
        SAMP_NUM_COEFF3 = SAMP_NUM_COEFF3. replace("", "")
        SAMP_NUM_COEFF3 = SAMP_NUM_COEFF3. replace( '(', '')
        SAMP_NUM_COEFF3 = SAMP_NUM_COEFF3. replace( ')', '')
        SAMP_NUM_COEFF3 = SAMP_NUM_COEFF3. replace( '\n', '')
        SAMP_NUM_COEFF3 = SAMP_NUM_COEFF3. replace( '\t', '')
        SAMP_NUM_COEFF3 = SAMP_NUM_COEFF3. replace( ', ', '')
    pat_SAMP_DEN_COEFF = re. compile(SAMP_DEN_COEFF1 + '(. * ?)
        ' + SAMP_DEN_COEFF2, re. S)
        result_SAMP_DEN_COEFF = pat_SAMP_DEN_COEFF. findall(buff)
        SAMP_DEN_COEFF = result_SAMP_DEN_COEFF[0]
        SAMP_DEN_COEFF3 = SAMP_DEN_COEFF
        SAMP_DEN_COEFF3 = SAMP_DEN_COEFF3. replace("", "")
        SAMP_DEN_COEFF3 = SAMP_DEN_COEFF3. replace( '(', '')
        SAMP_DEN_COEFF3 = SAMP_DEN_COEFF3. replace( ')', '')
        SAMP_DEN_COEFF3 = SAMP_DEN_COEFF3. replace( '\n', '')
        SAMP_DEN_COEFF3 = SAMP_DEN_COEFF3. replace( '\t', '')
        SAMP_DEN_COEFF3 = SAMP_DEN_COEFF3. replace( ', ', '')
    rpc=[ 'ERR_BIAS' +ERR_BIAS, 'ERR_RAND' +ERR_RAND,
        'LINE_OFF' +LINE_OFF, 'SAMP_OFF' +SAMP_OFF, 'LAT_OFF'
        +LAT_OFF,
        'LONG_OFF' +LONG_OFF, 'HEIGHT_OFF' +HEIGHT_OFF,
        'LINE_SCALE' +LINE_SCALE, 'SAMP_SCALE' +SAMP_SCALE,
        'LAT_SCALE' +LAT_SCALE, 'LONG_SCALE' +LONG_SCALE,
```

```
                    ' HEIGHT_SCALE '＋HEIGHT_SCALE,
                    ' LINE_NUM_COEFF '＋LINE_NUM_COEFF3,
                    ' LINE_DEN_COEFF '＋LINE_DEN_COEFF3,
                    ' SAMP_NUM_COEFF '＋SAMP_NUM_COEFF3,
                    ' SAMP_DEN_COEFF '＋SAMP_DEN_COEFF3]
        return rpc
```

步骤 6：使用 RPC 文件进行地理编码。

```
def geometric_correction(file,outputpath)：
    print('processing file is ：', file)
    ♯ 输出的文件名中 L1B 替换为 L2 字段
    out_filename＝file. replace('L1B', 'L2')
    rpcfile＝Confirm_The_rpc_type(file,inputpath)
    print("rpb file is：", rpcfile)
    rpc＝Read_Rpb(rpcfile)
    ♯ 切换现有的工作目录
    os. chdir(outputpath)
    dataset＝gdal. Open(file)
    dataset. SetMetadata(rpc，'RPC')
    gdal. Warp(out_filename, dataset, dstSRS＝'EPSG：4326', rpc＝True, srcNodata
    ＝np. nan, dstNodata＝np. nan)
    ♯ transformerOptions 不是必需的,不使用 DEM 的话默认按照 dem＝0 处理
    print('completed：', out_filename)
    del dataset
    returnout_filename
def geometric_correction_nsc(file,outputpath,inputpath, num)：♯ num 表示第几个条带
    print('processing file is ：', file)
    ♯输出的文件名中 L1B 替换为 L2 字段
    out_filename＝file. replace('L1B', 'L2')
    rpcfile＝Confirm_The_rpc_type(file,inputpath)
    print("rpb file is：", rpcfile[num])
    rpc＝Read_Rpb(rpcfile[num])
    ♯ 切换现有的工作目录
    os. chdir(outputpath)
    dataset＝gdal. Open(file)
    dataset. SetMetadata(rpc，'RPC')
    gdal. Warp(out_filename, dataset, dstSRS＝'EPSG：4326', rpc＝True, srcNodata
    ＝np. nan, dstNodata＝np. nan)
    print('completed：', out_filename)
    del dataset
    returnout_filename
```

步骤 7:定义滤波函数,线性拉伸函数,多视函数。

```
def medFilter(img, n=3): # 中值滤波
    med_img = ndimage. median_filter(img, size=(n, n))
    return med_img

def lee_filter(img, size): # lee 滤波
    img_mean = uniform_filter(img, (size, size))
    img_sqr_mean = uniform_filter(img ** 2, (size, size))
    img_variance = img_sqr_mean - img_mean ** 2
    overall_variance = variance(img)
    img_weights = img_variance / (img_variance + overall_variance)
    img_output = img_mean + img_weights * (img - img_mean)
    return img_output

def optimized_linear(arr):
    # 线性拉伸
    a, b = np. percentile(arr, (2.5, 99))
    c = a - 0.1 * (b - a)
    d = b + 0.5 * (b - a)
    arr = (arr - c) / (d - c) * 255
    arr = np. clip(arr, 0, 255)
    return np. uint8(arr)

def resampling_nsc(in_file, out_file, scale=3):
    # 影像重采样-多视 in_file-源文件 out_file-输出影像 scale-像元缩放比例
    print("start mulit look")
    dataset = gdal. Open(in_file, gdalconst. GA_ReadOnly)
    band_count = dataset. RasterCount # 波段数
    ifband_count == 0 or not scale > 0:
        print("mulit look factor error")
        return -1
    cols = dataset. RasterXSize # 列数
    rows = dataset. RasterYSize # 行数
    cols = int(cols * scale) # 计算新的行列数
    rows = int(rows * scale)
    geotrans = list(dataset. GetGeoTransform())
    geotrans[1] = geotrans[1] / scale # 像元宽度变为原来的 scale 倍
    geotrans[5] = geotrans[5] / scale # 像元高度变为原来的 scale 倍
    ifos. path. exists(out_file) and os. path. isfile(out_file): # 如果已存在同名影像删除
        os. remove(out_file) # 则删除之
    band1 = dataset. GetRasterBand(1)
    data_type = band1. DataType
    target = dataset. GetDriver(). Create(out_file, xsize=cols, ysize=rows, bands=band_count, eType=data_type)
```

```
target. SetProjection(dataset. GetProjection())# 设置投影坐标
target. SetGeoTransform(geotrans)# 设置地理变换参数
total＝band_count＋1
print("star writing mulit look file")
for index in range(1，total)：
    ♯读取波段数据
    data＝dataset. GetRasterBand(index). ReadAsArray(buf_xsize＝cols，
    buf_ysize＝rows，resample_alg＝gdalconst. GRIORA_Average)
    out_band＝target. GetRasterBand(index)
    out_band. WriteArray(data)♯ 写入数据到新影像中
    out_band. FlushCache()
    out_band. ComputeBandStats(False)♯ 计算统计信息
print("writingmulit look file finish")
del dataset，target
return 0
```

步骤 8：定义数据输出函数，输出 tiff 格式。

```
def save_to_tiff(im_data，img_name，outpath，typeflag＝0)：♯ typeflag 用作区分是
保存快视图(typeflag＝1)还是原始数据图(typeflag＝0)
    os. chdir (outpath)
    ♯输出路径中用 L1B 代替 L1A
    if(typeflag＝＝0)：
        out_filename＝img_name. replace ('L1A'，'L1B')
    elif(typeflag＝＝1)：
        out_filename＝img_name. replace ('L1A'，'L1BQuick')
    out_filename＝os. path. join (outpath，out_filename)

    if 'int8' in im_data. dtype. name：
        datatype＝gdal. GDT_Byte
    elif 'int16' in im_data. dtype. name：
        datatype＝gdal. GDT_UInt16
    else：
        datatype＝gdal. GDT_Float32
    if len(im_data. shape)＝＝3：
        im_bands，im_height，im_width＝im_data. shape
    elif len(im_data. shape)＝＝2：
        im_data＝np. array([im_data])
        im_bands，im_height，im_width＝im_data. shape
    ♯创建文件
    driver＝gdal. GetDriverByName("GTiff")
    dataset＝driver. Create(out_filename，int(im_width)，int(im_height)，int(im_bands)，
datatype)
```

```
        for i in range(im_bands):
            dataset. GetRasterBand(i+1). WriteArray(im_data[i])
        del dataset
        return out_filename

    def save_to_tiff_nsc(im_data, img_name, outpath, typeflag=0):
        os. chdir (outpath)
        #输出路径中用 L1B 代替 L1A
        if(typeflag==0):
            out_filename=img_name. replace ('L1A', 'L1B')
        elif(typeflag==1):
            out_filename=img_name. replace ('L1A', 'L1BQuick')
        out_filename=os. path. join (outpath, out_filename)
        if 'int8' in im_data. dtype. name:
            datatype=gdal. GDT_Byte
        elif 'int16' in im_data. dtype. name:
            datatype=gdal. GDT_UInt16
        else:
            datatype=gdal. GDT_Float32
        if len(im_data. shape)==3:
            im_bands, im_height, im_width=im_data. shape
        elif len(im_data. shape)==2:
            im_data=np. array([im_data])
            im_bands, im_height, im_width=im_data. shape
        #创建文件
        driver=gdal. GetDriverByName("GTiff")
        dataset=driver. Create(out_filename, int(im_width), int(im_height), int(im_bands), datatype)
        for i in range(im_bands):
            dataset. GetRasterBand(i+1). WriteArray(im_data[i])
        del dataset
        return out_filename
```

步骤 9：数据预处理主要流程，将 Level-1A 数据处理成 Level-2 数据。

```
    def Repeat_Run_1Ato2(image_name, outpath):
        num_i=1
        for file in image_name:
            print ('start:', num_i)
    if file ! =[]:
                Run_1Ato2(file, outpath)
            else:
    print('There is no image data. ')
            num_i +=1
```

```
def Run_1Ato2(file，outpath)：
    if(len(file)> 1 and "NSC" in file[0])：
        Run_nsc_1Ato2(file，outpath，inputpath，xmlfile)
        return 0
    os.chdir（inputpath）# 切换默认工作目录
    img＝gdal.Open（file）
    # 读取数据到矩阵
    vh0＝img.ReadAsArray（）
    del img


# Level-1A 级数据处理成 Level-2 级数据主要流程
# 1. 通过实部和虚部计算强度和振幅
    # 实部和虚部数据单独存储
    vh1＝np.array（vh0[0，:，:]，dtype＝'float32'）# 实部
    vh2＝np.array（vh0[1，:，:]，dtype＝'float32'）# 虚部
    # I 强度信息，A 振幅信息
    I＝（vh1 ＊ ＊ 2 ＋ vh2 ＊ ＊ 2）# 强度信息
    A＝np.sqrt（I）# 振幅信息


# 2. 确定图像类型(极化方式),获取 XML 中的参数
    # 根据影像的极化类型选择对应的定标常数和量化最大值
    QualifyValue_1A，Calibration＝Confirm_The_IMG_type（file）
    print（'QualifyValue_1A＝'，QualifyValue_1A，' '，'Calibration＝'，Calibration）
    del vh0，vh1，vh2，I


# 3. 获取矩阵的最大值
    QualifyValue_1B＝np.nanmax（（A / 32767 ＊ QualifyValue_1A））
    print（'QualifyValue_1B＝'，QualifyValue_1B）


# 4. Level-1A 转换为 Level-1B 数据
    # Level-1A 到 Level-1B 过程，即计算 DN 值,即幅度产品
    DN＝A / 32767 ＊ QualifyValue_1A / QualifyValue_1B ＊ 65535


# 5. 辐射定标
    k1＝DN ＊ （QualifyValue_1B / 65535）
    k2＝k1 ＊ ＊ 2
    del k1，A，DN


# 6. 转 DB
    dB_1B＝10 ＊ np.log（k2） / np.log（10）-Calibration
    dB_1B[dB_1B＝＝-inf]＝0


# 7. 滤波和线性拉伸
    # 中值滤波
    if(1)：
```

67

```
            print('med filter')
            dB_1B_med＝medFilter(dB_1B, 3)
        else：＃lee 滤波
            print('lee filter')
            dB_1B_med＝lee_filter(dB_1B, 5)
        del dB_1B
        ＃线性拉伸
        dB_1B_png＝optimized_linear(dB_1B_med)
        _1b_file＝save_to_tiff(dB_1B_png, file, outpath,1)＃保存的是原始分辨率的快视图
        del k2，dB_1B_png
        del dB_1B_med
        print("Process L1A through L1B：", file)

    ＃8. 使用 RPC 进行几何校正
        tifs＝geometric_correction(_1b_file, outpath)

    ＃9. 多视处理
    temp＝tifs. rsplit(". ",1)
        resampling_nsc(tifs,temp[0]＋"_mult. "＋temp[1],0. 5)＃scale 的倒数表示多视数
        return 0

    ＃NSC 条带拼接主函数
    def Run_nsc_1Ato2(file, outpath, inputpath, xmlfile)：
        tifs＝[]
        for i in range(len(file))：
            print('strip_'＋str(i))
            os. chdir (inputpath)＃切换默认工作目录
            img＝gdal. Open (file[i])
            ＃读取数据到矩阵
            vh0＝img. ReadAsArray ()
            del img

    ＃1. 通过实部和虚部计算强度和振幅
            ＃实部和虚部数据单独存储
            vh1＝np. array (vh0[0，:，:], dtype＝'float32')＃实部
            vh2＝np. array (vh0[1，:，:], dtype＝'float32')＃虚部
            del vh0
            ＃ I强度信息，A 振幅信息
            I＝(vh1 ＊＊ 2 ＋ vh2 ＊＊ 2)＃强度信息
            A＝np. sqrt (I)＃振幅信息
            del vh1，vh2，I

    ＃2. 确定图像类型(极化方式)，获取 XML 中的参数
            ＃根据影像的极化类型选择对应的定标常数和量化最大值
```

QualifyValue_1A, Calibration＝Confirm_The_IMG_type_nsc（file[i], xmlfile)

```
♯3. 获取矩阵的最大值
    QualifyValue_1B＝np. nanmax（（A / 32767 ＊ QualifyValue_1A））
    print（'QualifyValue_1B＝', QualifyValue_1B)
♯4. Level-1A 数据转换为 Level-1B 数据
    ♯ Level-1A 数据到 Level-1B 数据过程,即计算 DN 值,即幅度产品
    DN＝A / 32767 ＊ QualifyValue_1A / QualifyValue_1B ＊ 65535

♯5. 辐射定标
    k1＝DN ＊ （QualifyValue_1B / 65535）
    k2＝k1 ＊ ＊ 2
    del k1, A, DN

♯6. 转 DB
    dB_1B＝10 ＊ np. log （k2） / np. log （10） - Calibration
    dB_1B[dB_1B＝＝-inf]＝0
    dB_1B[dB_1B＝＝inf]＝0

♯7. 中值滤波和线性拉伸
    ♯中值滤波
    if(1)：
        print('med filter')
        dB_1B_med＝medFilter(dB_1B, 3)
    else：♯lee 滤波
        print('lee filter')
        dB_1B_med＝lee_filter(dB_1B,5)
    del dB_1B, k2
    dB_1B_med[dB_1B_med＝＝0]＝np. nan
    s_1b_file＝save_to_tiff_nsc(dB_1B_med, file[i], outpath,0) ♯保存的是原始分
辨率的后向
    del dB_1B_med
    print("Process L1A through L1B：", file[i])
♯8. 使用 RPC 进行几何校正
tifs. append(geometric_correction_nsc(s_1b_file, outpath, inputpath, i)) ♯传出的参数是
路径
    tifo＝[]

♯9. 多视处理
    for j in range(len(tifs))：
temp＝tifs[j]. rsplit(". ",1)
tifo. append(temp[0]＋"_mult. "＋temp[1])
        resampling_nsc(tifs[j],tifo[j],0. 5)♯scale 的倒数表示多视数
    osrs＝[]♯首先检查待拼接的影像投影是否一致
    for tif in tifo：
        ds＝gdal. Open(tif, gdalconst. GA_ReadOnly)
        osr_＝gdal. Dataset. GetSpatialRef(ds)
```

```
        osrs. append(osr_)
osr_ = osrs[0]
for osri in osrs:
    flag = osr. SpatialReference. IsSame(osr_, osri)
    if not(flag):
        print('待拼接的栅格影像必须有相同的空间参考！')
    else:
        print('same')
options = gdal. WarpOptions(srcSRS = osr_, dstSRS = osr_, creationOptions =
["BIGTIFF = YES"], srcNodata = np. nan, dstNodata = np. nan)
o_filename = outpath + r'\pingjie. tiff'
gdal. Warp(o_filename, tifo, options = options)
return 0
```

主程序：设置 GF-3 数据输入输出路径。

```
if __name__ == '__main__':
    #GF3 文件夹路径
    inputpath = r'F:\GF3\GF3_KAS_QPSI_005860_E121.1_N31.0_
    20170920_0000_L1A_AHV_L20170920_0000308'#数据输入根目录
    outputpath = inputpath + '_output'#数据输出目录
    if not os. path. exists (outputpath):
        os. mkdir(outputpath)
    os. chdir (inputpath)
    xmlfile, HH, HV, VH, VV = Get_File_Name(inputpath)
    image_name = [HH, HV, VH, VV]
    Repeat_Run_1Ato2(image_name, outputpath)
```

图 3.68　GF-3 数据预处理后
生成的 Level-2 级 VH 文件

3.4.2　作物区域识别

通过一个个例展示此方法处理结果，输入 2017 年 9 月 20 日 QPSI 模式观测文件 GF3_KAS_QPSI_005860_E121.1_N31.0_20170920_0000_L1A_AHV_L20170920_0000308，经过以上程序进行数据预处理后生成 Level-2 级 VH 文件，如图 3.68 所示。

由于地物电磁特性与电磁波的极化方式有着密切的关系，同一目标在不同的极化方式下会产生不同的回波信号，不同地物对极化的响应能力不同，利用不同极化的电磁波对地物进行观测，能够得到更加丰富的地物信息。因此，可以进一步处理得到极化特征产品，全极化 SAR 不仅可以提供

HH、HV、VH 和 VV 四种极化的强度影像,还可以通过目标极化分解得到表征目标散射或几何结构信息的极化特征,进一步增强地物信息提取能力。

通常对 GF-3 数据基于散射矩阵进行相干分解,Pauli 分解就是一种常用的相干分解方法,Pauli 分解散射信息为单次散射、偶次散射和体散射,分别用 B(蓝色)、R(红色)、G(绿色)表示,用这三个系数作为极化 SAR 图像的三维图像特征。不同颜色表示不同的散射机制主导,由此可以分析地物。这也是根据分解结果进行分类的原理,因此,对预处理后生成的 Level-2 文件进行 Pauli 分解和伪彩色合成,并进行线性拉伸增强对比度,以便于 SAR 图像地表类型的区分。与预处理流程相似,使用 Python 定义函数便于后续处理。

步骤 1:导入库。

```
import gdal
import numpy as np
import cv2
import os
```

步骤 2:获取预处理后的 Level-2 级文件名称。

```
def get_file_name(pathlog):
    xmlfile=[]
    for f_name in os. listdir(pathlog):
        if f_name. endswith('. meta. xml'):
            xmlfile=f_name
        image_fn=[]
        for f_name in os. listdir(pathlog):
        if f_name. endswith('. tiff'):
            vhlfile=f_name
            image_fn. append(f_name)
    HH=[]
    HV=[]
    VH=[]
    VV=[]
    for image_name in image_fn:
        if "HH" in image_name:
            HH=image_name
        elif 'HV' in image_name:
            HV=image_name
        elif 'VH' in image_name:
            VH=image_name
        elif 'VV' in image_name:
            VV=image_name
    return xmlfile, HH, HV, VH, VV
```

步骤 3:进行 Pauli 分解。

```python
def pauli(pathlog,outfiles):
    os.chdir(pathlog)
    xmlfile, HH, HV, VH, VV=get_file_name(pathlog)
    if HH ! ='':
        band1=gdal.Open(HH)
        #矩阵的列数
        im_width=band1.RasterXSize
        #矩阵的行数
        im_height=band1.RasterYSize
        hh_data=band1.GetRasterBand(1).ReadAsArray(0, 0, im_width, img_hh_
complex=np.zeros(data[0,:,:].shape, dtype=np.complex64)
        img_hh_complex.real=data[0,:,:]
        img_hh_complex.imag=data[1,:,:]

    if HV ! ='':
        band2=gdal.Open(HV)
        img_hv_complex=np.zeros(data[0,:,:].shape, dtype=np.complex64)
        img_hv_complex.real=data[0,:,:]
        img_hv_complex.imag=data[1,:,:]

    if VH ! ='':
        band3=gdal.Open(VH)
        img_vh_complex=np.zeros(data[0,:,:].shape, dtype=np.complex64)
        img_vh_complex.real=data[0,:,:]
        img_vh_complex.imag=data[1,:,:]

    if VV ! ='':
        band4=gdal.Open(VV)
        img_vv_complex=np.zeros(data[0,:,:].shape, dtype=np.complex64)
        img_vv_complex.real=data[0,:,:]
        img_vv_complex.imag=data[1,:,:]
    r=np.abs(img_hh_complex + img_vv_complex) * 0.5
    g=np.abs(img_hh_complex - img_vv_complex) * 0.5
    b=np.abs(img_hv_complex * 0.5 + img_vh_complex * 0.5) * 2

    del img_hh_complex,img_hv_complex,img_vh_complex,img_vv_complex
    datagray=np.zeros(shape=(im_height, im_width, 3))
    datagray[:, :, 0]=r
    datagray[:, :, 1]=b
    datagray[:, :, 2]=g

    outFileName=HH[:-24]
    tarpath_03=os.path.join(outfiles, outFileName + "polar_Quick.jpg")
    print('Generate 2% linear stretch results:', tarpath_03)
    rgbdata=rgb_linear_percent_(datagray, tarpath_03, 2)
    del datagray

    tarpath_tif=os.path.join(outfiles, outFileName + "polar_org.tiff")
```

```
write_pauli_tiff(rgbdata,tarpath_tif)
return tarpath_tif
```

步骤 4:合成伪彩色图。

```
def rgb_linear(data,tarpath):
    x, y, z=np. shape(data)
    data_new=np. zeros(shape=(x, y, 3))
    for i in range(3):
        print(i)
        data_8bit=data[:, :, i]
        data_8bit=(data_8bit - np. nanmin(data_8bit)) / (np. nanmax(data_8bit) -
        np. nanmin(data_8bit)) * 255
        data_new[:, :, i]=data_8bit
    datagray=cv2. merge([data_new[:, :, 2], data_new[:, :, 1], data_new[:, :, 0]])
    cv2. imwrite(tarpath, datagray)
```

步骤 5:数据重采样到 8 bit 并增强图像对比度。

```
def rgb_linear_percent_(data, tarpath, n):
    x, y, z=np. shape(data)
    data_new=np. zeros(shape=(x, y, 3))
    for i in range(3):
        print(i)
        data_8bit=data[:, :, i]
        #数据重采样到 8bit
        data_8bit=data_8bit / (np. nanmax(data_8bit)) * 255
        data_8bit[np. isnan(data_8bit)]=0
        d1=np. percentile(data_8bit, n)
        u99=np. percentile(data_8bit, 100 -n)
        maxout=255
        minout=0
        data_8bit_new=minout + ((data_8bit-d1) / (u99-d1)) * (maxout-minout)
        data_8bit_new[data_8bit_new< minout]=minout
        data_8bit_new[data_8bit_new > maxout]=maxout
        data_new[:, :, i]=data_8bit_new
    datagray=cv2. merge([data_new[:, :, 2], data_new[:, :, 1], data_new[:, :, 0]])
    cv2. imwrite(tarpath, datagray)
```

步骤 6:数据进行地理编码。

```
def pauli_cp(inputpath,outputpath):
    #切换现有的工作目录
    os. chdir(inputpath)
    file=pauli(inputpath,outputpath) #pathlog--全极化数据影像根目录 #outfiles--
合成数据的输出目录 #file--合成数据的全路径
    dataset=gdal. Open(file)
```

```
        rpcfile=[]
        for f_name in os. listdir (inputpath)：♯寻找 rpc 文件
    if f_name. endswith ('. rpc')：
                    rpcfile. append(f_name)
        if(len(rpcfile)！=0)：
            rpc=Read_Rpb(rpcfile[0])
        else：
            return-1
        dataset. SetMetadata(rpc，'RPC')
        out_filename=file. replace ('polar_org', 'polar_geo')
        gdal. Warp(out_filename, dataset, dstSRS：'EPSG：4326',
                            rpc=True)♯原始数据
        del dataset
        return 0
```

步骤 7：主程序

```
    if __name__=='__main__'：
        pathlog=r'F：\GF3\GF3_KAS_QPSI_005860_E121. 1_N31. 0_
        20170920_0000_L1A_AHV_L20170920_0000308_output'
        outfiles=r'F：\GF3'
        pauli(pathlog,outfiles)
```

此处以上文处理的 QPSI 数据为例，如图 3.69 所示。绿色部分是作物和植被冠层等，符合体散射特征。红色的部分是建筑物，由于建筑物与海面形成二面角，因此，容易产生偶次散射。图中蓝色的部分是海面，符合单次散射。图中呈现黄色的部分表明此处偶次散射和体散射均存在，其他颜色以此类推。通过伪彩色图的合成，可以更为清晰地获取不同的地表信息，更为便捷地识别作物信息，为农业、气象服务提供基础依据。

图 3.69　GF-3 伪彩色图像（见彩图）

第 4 章　基于 QGIS 的数据处理

4.1　QGIS 简介

　　QGIS(原称 Quantum GIS)是一款用户界面友好的开源桌面软件,其可在 Unix、Linux、Windows 和 Mac OS 等平台上运行。QGIS 使用 GNU (General Public License)授权,属于 Open Source Geospatial Foundation(OSGeo)的官方计划。在 GNU 这个授权下,开发者可以自行检阅与调整程序代码,并保障让所有使用者可以免费且自由地修改程序。

4.1.1　QGIS 特点

　　QGIS 在研发速度上和其他的开源软件相同,速度很快,基本上在每个月都会发布一个新的版本,而且每一年还会推出一个长期支持版本(Long Term Release, LTR)。其相对于最新 QGIS 版本而言更加稳定。

　　近些年来,QGIS 在网上的关注度越来越高,其之所以会受到科研人员以及 GIS 工作者的欢迎,主要是因为 QGIS 所具有的以下特点。

　　(1)用户界面友好

　　QGIS 最初是想设计一个浏览数据与制图的工具,并在 Qt 平台的基础上构建 GUI,因此,QGIS 相较于其他常见的开源的桌面 GIS 软件,它的用户界面是很友好的。

　　(2)跨平台的特性

　　QGIS 可以在大多数操作系统中运行,如类 UNI-like (包括 UNIX、Linux、BSD 等)、Mac OS、Windows 等。

　　(3)空间分析能力

　　QGIS 内嵌 GDAL SQLite 等常见的 GIS 类库,并且可以整合 GRASS GIS、SAGAGIS 等桌面 GIS 软件。因此,QGIS 可以轻松地完成常见的数据处理与空间分析操作。

　　(4)可支持多种数据格式

　　QGIS 不仅对各种矢量数据以及栅格数据的支持性非常强,基本覆盖了当前大多数的空间数据格式,如 shapefile、coverages、personal database、GeoTiff 等,还可以访问 Postgre、MySQL、SQLite 等数据库。

　　(5)数据格式的支持性强

　　QGIS 对各种栅格数据和矢量数据的支持性很强,基本可以覆盖当前主流的地理空间数据格式,如 shapefile、coverages、personal database、GeoTiff 等。QGIS 还可以访问 Postgre、MySQL、SQLite 等数据库。另外,QGIS 还可以通过插件扩展等方式增加数据的支持格式。

　　(6)可扩展性强

　　QGIS 具有插件功能,因此,用户可以轻松地从互联网或官方渠道获得并安装特定功能的插件。另外,开发者还可以利用 PyQGIS 或 C++ API 对 QGIS 进行二次开发。如果上述方法仍难以满足用户需求,那么开发者可以通过重新编译的方式自定义 QGIS 的功能(但必须符合 GNU GPLv2 协议)。

4.1.2 QGIS 主要功能

作为一个完整的地理信息系统桌面软件,QGIS 的主要功能包括数据浏览、地图制图、数据管理与编辑、空间数据处理与空间分析、地图服务等功能框架。

(1)数据浏览功能

QGIS 支持不同格式以及投影的矢量、栅格数据的浏览与叠加,并且这些数据不需要转换成通用格式或中间格式。它不仅能用内嵌 GDALORG、GRASS 来支持常见的数据格式,还能读取存储于数据库中的地理空间数据。

(2)地图制图功能

QGIS 的地图表达及渲染能力也是十分强大的,对于一些简单的 3D 渲染也可以进行制作的。QGIS 具有完整的符号化、标注、输出和打印的功能。尤其是 QGIS 还能进行实时渲染以及非常好的抗锯齿能力。

(3)数据管理与编辑功能

对于不同数据源的地理空间数据,QGIS 都可以进行管理,这主要得益于其强大的数据支持能力。这些数据源不同的数据在 QGIS 中有着一样的数据接口,数据类型不同的空间数据能够进行格式的转换。在编辑功能上,QGIS 的启动速度快,保存速度也具有优势,也支持栅格计算器与字段计算器。QGIS 的矢量编辑功能还能够对数据进行增添、删除、更改等操作和一些基本的矢量叠加运算。

(4)空间数据处理与空间分析功能

QGIS 的数据处理和空间分析功能比较弱,但其整合了 GEOS、GRASS、GDAL 等 GIS 工具。由此可知,空间分析实际上属于空间数据处理的一部分。QGIS 的空间数据处理与空间分析功能较弱,但是 QGIS 整合了 GDAL/OGR、GEOS、GRASS GIS、SAGA GIS 等 GIS 工具。因此,QGIS 的优势在于可以对来源不同的空间数据处理工具进行整合,利用 QGIS 中的 Processing Modeler,PyQGIS 和 C++ API 构建自动化的数据处理工具,以解决复杂的地理与空间问题。

(5)地图服务功能

QGIS 可以作为 WMS、WMTS、WMS-C 或 WFS、WFS-T 客户端,QGIS 服务器允许用户使用 Web 服务器通过互联网上的 WMS、WCS 和 WFS 协议发布数据。

如果需求复杂,则需要更高的可扩展性的功能扩展方式,也就需要更高的扩展复杂度。模型构建和插件扩展的方式是最方便的功能扩展方式,但是无法脱离 QGIS 的主窗口执行扩展功能。采用 PyQGIS 开发、C++ API 开发或重编译开发的方式进行功能扩展的潜力是很大的,可以脱离 QGIS 的主窗口构建独立的 GUI,更适合专业用户,但是其复杂度和成本也是最大的。

4.2 QGIS 安装

目前 QGIS 可以在 Windows、Linux、Unix,Mac OS X 和 Android 操作系统上运行,本书使用 3.28.1 版本介绍软件,方便读者获取最新的信息。本章将对 QGIS 的软件安装方法、基本的界面和设置、项目、图层等做详细介绍。

4.2.1　QGIS 在 Windows 上的安装

QGIS 在 Windows 上的安装有两种方式,分别是独立安装包和 OSGeo4W 方法,独立安装包是一个大文件,可以从 QGIS 官网上获取,由 QGIS 版本、地理资源分析支持系统(GRASS)GIS 以及自动地球科学分析系统(SAGA)GIS 三个部分组成,安装过程中无需联网,方便快捷,而 OSGeo4W 实际上就是一个简易的软件安装工具,全称是 OSGeo for Windows,使用 OSGeo4W 的方法安装需要连接互联网,但是,它的更新方便,容易访问其他版本,同时它还可以下载 OSGeo 旗下 GDAL QGIS Server,MapServer 等多款软件,本书采用独立安装包法。

(1)首先登录 QGIS 官方网站 https://www.qgis.org/zh-Hans/site/下载合适自己的 QGIS 独立安装包(图 4.1)。

图 4.1　QGIS 官方网站

(2)下载后双击运行软件文件,出现安装界面(图 4.2),点击 Next。

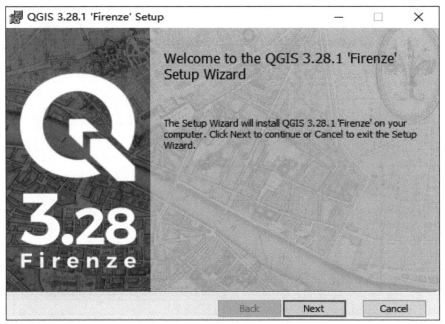

图 4.2　安装准备界面

（3）接着勾选我同意条款，并点击 Next 按钮（图 4.3）。

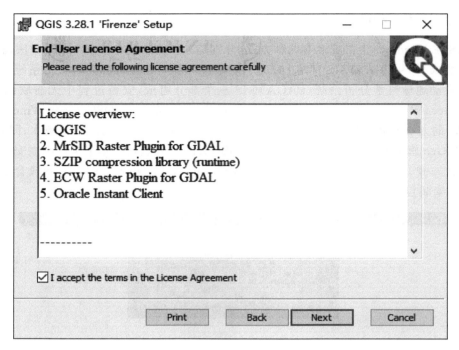

图 4.3　安装许可界面

　　（4）在下面的界面，可以单击 Change 更改安装路径（图 4.4），安装路径中最好不要出现中文，否则可能会出错。

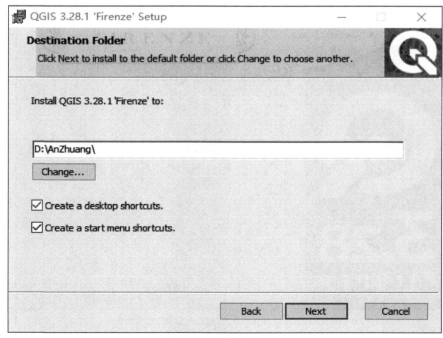

图 4.4　安装路径界面

（5）点击 Install 按钮，就开始安装了，需要等待几分钟（图 4.5）。

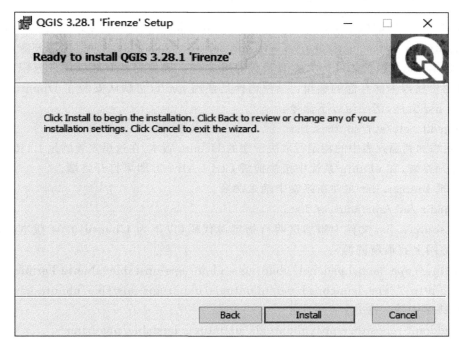

图 4.5 安装开始界面

（6）当进度条显示完成后，QGIS 安装完成，点击 Finish 即可（图 4.6）。

图 4.6 安装完成界面

4.2.2 在 Debian/Ubuntu 中安装 Sudo aptinstall gis

QGIS 3.10 以后的版本支持 Ubuntu focal、eoan、disco、bionic。您可以在以下网址找到最新信息:https://www.qgis.org/en/site/forusers/download.html。但是请注意,一次只能安装一个版本。您可以使用任何文本编辑器打开文件。确保您具有超级用户权限,因为您将需要超级用户权限来保存您的编辑。一种选择是使用 gedit,它默认安装在 Ubuntu 中。要编辑 sources.list 文件,请使用以下命令:

sudo gedit /etc/apt/sources.list

您必须添加到源列表中的特定行取决于您的 Ubuntu 版本,在这里安装的是 LTR 版本。

(1)打开终端,在 ubuntu 系统中按快捷键 Ctrl+Alt+T 即可打开终端。

(2)编辑 sources.list 文件在终端中输入命令:

sudo gedit /etc/apt/sources.list。

(3)在 sources.list 文件中添加这两行指定源代码(以下为 Ubuntu10.04 版本的源,可以去 qgis 官方网上找最新的源):

deb http://ppa.launchpad.net/ubuntugis/ubuntugis-unstable/ubuntu karmic main

deb-src http://ppa.launchpad.net/ubuntugis/ubuntugis-unstable/ubuntu karmic main

(4)在终端中输入命令:

sudo add-apt-repository ppa:ubuntugis/ubuntugis-unstable/ppa-name

sudo apt-get update

sudo apt-get install qgis

(5)安装完成后打开 QGIS,在终端中输入命令:

qgis

打开后会出现欢迎界面建议更新,同意更新直接点击 Let's get started!。

4.2.3 QGIS 基本的界面和设置

(1)QGIS 的首次运行

在桌面找到 QGIS Desktop 图标,双击启动,首先可以看到界面是英文的,需要调整到中文,在菜单栏中点击 Setings-Options,在 General 选项卡,勾选 Override system locale 复选框,并将 UserInterface Translation 选项修改为"简体中文",单击确定按钮(图 4.7),重启 QGIS,此时界面就是中文的了。

在 QGIS 的使用中,插件非常重要,在正式使用之前,需要先下载几个常用的插件,如 Coordinate Capture、DB Manager、GdalTools 等,选择菜单栏中的"插件-管理并安装插件",直接在搜索栏中搜索相应插件即可(图 4.8)。

(2)QGIS 的界面分布

在 QGIS 的界面中(图 4.9)可以看到最大的部分是地图视图部分,加载进来的数据就在此处呈现,其左侧面板是浏览器和图层,在浏览器面板可以迅速选择需要访问的数据,在图层面板可以查看数据加载情况,并对数据进行调整和预览。

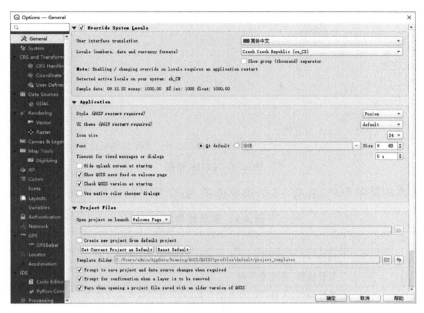

图 4.7　常规选项

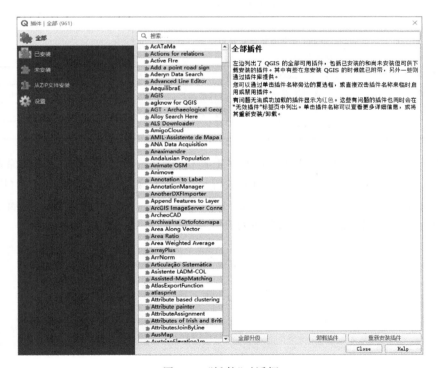

图 4.8　"插件"对话框

图 4.9　QGIS 界面

界面最上方的是菜单栏,共有 13 个菜单选项,各个菜单的功能见表 4-1。

表 4-1　菜单栏功能

菜单名称	主要功能
工程(Project)	创建、打开、保存项目;渲染地图;地图捕捉选项设置等
编辑(Edit)	矢量编辑、属性编辑等
视图(View)	各种面板、工具栏的可见性设置;地图视图与图层控制等
图层(Layer)	创建、加载、复制、粘贴、嵌入图层或图层组等
设置(Settings)	地图样式管理、投影管理、快捷键设置等 QGIS 基本设置选项
插件(Plugins)	安装和管理插件;打开 Python 控制台窗口等
矢量(Vector)	常见的矢量数据管理和分析
栅格(Raster)	常见的栅格数据管理和分析
数据库(Database)	数据库管理器等
网络(Web)	打开 MetaSearch 客户端等
网孔(Mesh)	网孔数据计算器等
处理(Processing)	工具箱、历史、结果视图、图形化建模等
帮助(Help)	帮助和 API 文档等

菜单栏下方有几个常用的工具栏,如工程工具栏(图 4.10)可以创建、打开、保存、打印项目,地图导航工具栏(图 4.11)包含平移和缩放等一些工具,数据源管理器工具栏(图 4.12)可以管理数据和创建各种图层,属性工具栏(图 4.13)可以测量和统计要素的一些属性,图层管理工具栏可以添加栅格、矢量等数据,并进行图层编辑。

图 4.10　工程工具栏

图 4.11　地图导航工具栏

图 4.12　数据源管理器工具栏

图 4.13　属性工具栏

无论 QGIS 的面板，还是工具栏，都可以添加和移除一些常用和不常用的部分，只需在工具栏的空白处单击右键，就可以勾选常用的工具了（图 4.14）。

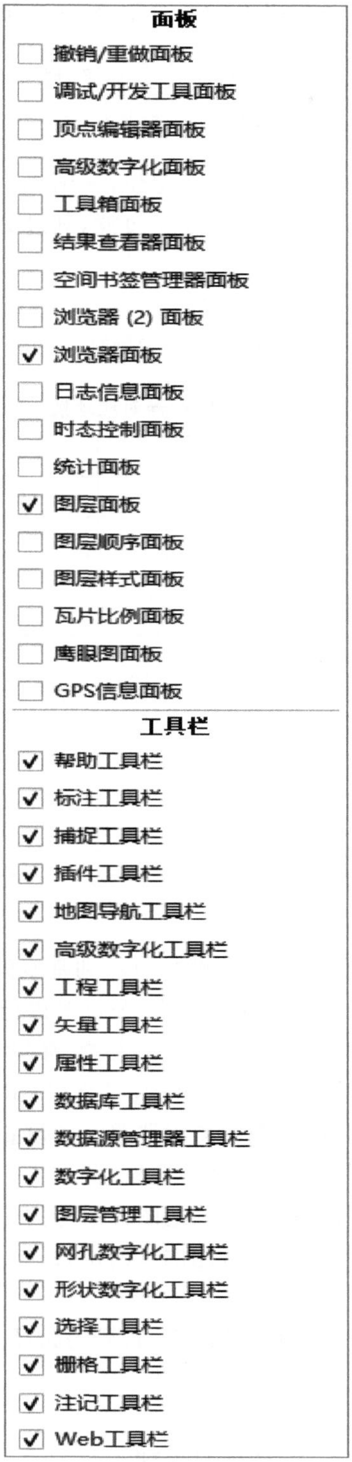

面板

- ☐ 撤销/重做面板
- ☐ 调试/开发工具面板
- ☐ 顶点编辑器面板
- ☐ 高级数字化面板
- ☐ 工具箱面板
- ☐ 结果查看器面板
- ☐ 空间书签管理器面板
- ☐ 浏览器 (2) 面板
- ☑ 浏览器面板
- ☐ 日志信息面板
- ☐ 时态控制面板
- ☐ 统计面板
- ☑ 图层面板
- ☐ 图层顺序面板
- ☐ 图层样式面板
- ☐ 瓦片比例面板
- ☐ 鹰眼图面板
- ☐ GPS信息面板

工具栏

- ☑ 帮助工具栏
- ☑ 标注工具栏
- ☑ 捕捉工具栏
- ☑ 插件工具栏
- ☑ 地图导航工具栏
- ☑ 高级数字化工具栏
- ☑ 工程工具栏
- ☑ 矢量工具栏
- ☑ 属性工具栏
- ☑ 数据库工具栏
- ☑ 数据源管理器工具栏
- ☑ 数字化工具栏
- ☑ 图层管理工具栏
- ☑ 网孔数字化工具栏
- ☑ 形状数字化工具栏
- ☑ 选择工具栏
- ☑ 栅格工具栏
- ☑ 注记工具栏
- ☑ Web工具栏

图 4.14　面板和工具栏

在界面的右下方,有一行状态栏,从左到右是当前地图坐标、地图比例、放大镜以及旋转角度、渲染、坐标参考系统和消息(图 4.15),勾选渲染后,除非地图的显示范围或图层属性发生变化,地图画布会自动渲染刷新,否则将不会实时渲染,从而加快 QGIS 响应速度。

图 4.15　状态栏

在界面的左下方,有一个搜索栏,它是一个定位器(图 4.16),快捷键 Ctrl＋K,在框中搜索关键词,可以快速打开相应功能,也能用快捷字符过滤,其过滤功能和字符对应(表 4-2)。

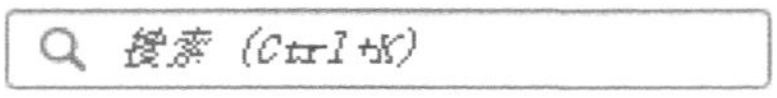

图 4.16　定位器

表 4-2　定位器对应功能

过滤功能	快捷过滤字符
动作(Actions)	.
计算器(Calculator)	=
处理算法(Processing Algorithm)	a
所有图层的要素(Features in All Layers)	af
空间书签(Spatial Bookmarks)	b
编辑选中的要素(Edit Selected Features)	ef
当前图层的要素(Active Layer Features)	f
图层(Project Layers)	l
布局(Project Layouts)	pl
设置(Settings)	set

(3)QGIS 的基本设置

打开 QGIS,选择菜单栏"设置—选项",就可以看到基本的设置面板了(图 4.17)。

常规:可以对 QGIS 的语言、字体样式和大小、项目等进行更改。

系统:可查看 SVG 路径、插件路径、文档路径、设置、环境。

CRS 和变换:可设置项目的坐标、图层的坐标,以及在 CRS 中对坐标的默认转换。

数据源:要素属性和表、数据源、隐藏的浏览器路径的设置。

渲染:包含渲染行为、渲染质量、曲线分割、栅格、调试。

画布和图例:地图的背景、图层图例颜色、地图提示等的工具。

地图工具:对要素的识别、测量和缩放,比例尺的调整。

颜色:对颜色的改变。

布局:包含地图外观、网格外观、参考默认值、布局的路径。

变量:对 QGIS 变量设置。

认证:插件、管理书、工具的管理。

网络:可查看网络使用、缓存设置、联网时代理。

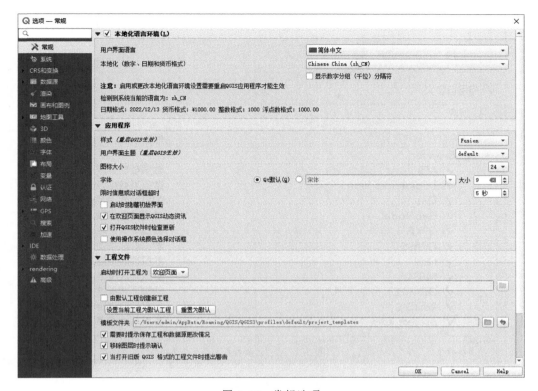

图 4.17　常规选项

GPS:可过滤定位相关功能。

高级:高级选项编辑器。

加速:使用 OpenCL 提升 QGIS 性能。

(4)QGIS 的个性化定制

QGIS 具有很高的灵活性,用户可以自定义界面、快捷键,还可以组合不同的功能按钮,自定义工具栏,同时可以保存不同的用户配置。

①自定义软件界面

自定义软件界面可以选择菜单栏、工具栏、面板等的内容,具体操作是选择菜单栏的"设置—界面自定义",在界面自定义面板(图 4.18)选择常用工具,可以通过搜索栏搜索,确定后需要重启 QGIS 才能生效。

②键盘快捷键

键盘的快捷键设置需要点击"设置—键盘快捷键"在键盘快捷键面板(图 4.19)选择相应动作,点击更改,设置快捷键,保存即可,同时还可以保存和加载整套的快捷键设置。

③自定义工具栏

自定义工具栏需要使用一个常用的插件"Customize ToolBars",安装插件的方法之前已经介绍过了,不再赘述,插件安装完成后,单击菜单栏的"插件-Customize ToolBars",在 Customize ToolBars 面板(图 4.20),点击"New ToolBar",可以为新建的工具栏命名,在左侧挑选需要的工具,直接拖拽到右侧新建的工具栏中,拖拽完工具后点击"Save Changes"保存

图 4.18   界面自定义

图 4.19   键盘快捷键

即可。

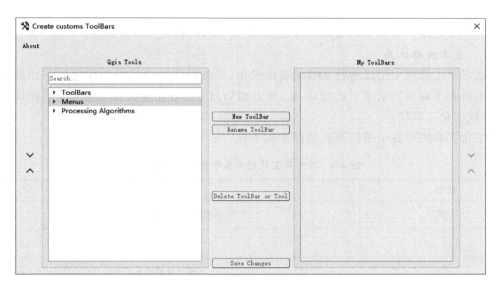

图 4.20　自定义工具栏

④保存用户配置

当 QGIS 被不同用户使用时,可能需要不同的配置(界面、快捷键、工具栏设置),可以新建用户配置来实现不同需求的切换,选择菜单栏"设置—用户配置"(图 4.21),可以新建配置,也可以加载不同的用户配置,点击"打开当前配置文件夹"可以看到配置信息的保存目录。

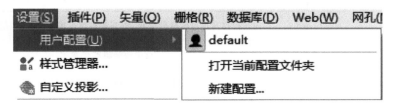

图 4.21　用户配置

4.3　基于 QGIS 矢量数据处理

QGIS 可以对多种数据源进行矢量编辑。除了文件型数据源,QGIS 也可以编辑存储在 SpatiaLite、PostGIS、Oracle Spatial 等数据库中的矢量图层。本节介绍如何使用 QGIS 对矢量数据图层进行编辑操作。

提示:虽然 GRASS 图层的编辑也可以使用 QGIS 的编辑工具,但是由于 GRASS 图层利用拓扑模型存储矢量数据,其数据结构、图层类型等方面与简单要素模型存在众多区别,因此,下面介绍的许多工具可能不适用于 GRASS 矢量图层。

4.3.1 基本编辑

本节介绍矢量图层的基本编辑工具,包括创建、编辑、删除矢量要素等。

4.3.1.1 基本编辑工具

在数字化工具栏中可以进行基本的编辑操作,工具栏中各个按钮的作用如下。由于矢量图层的编辑必须在编辑状态下进行,因此,也介绍如何开始和结束矢量图层的编辑操作。

(1)数字化工具栏

数字化工具栏的各个按钮及其功能见表 4-3。

表 4-3 数字化工具栏的各个按钮及其功能

按钮	功能
	保存、回滚、取消编辑内容
	打开编辑状态
	保存编辑内容
	新建 Shapefile 图层
	增加一个点要素
	增加一个线要素
	增加一个面要素
	打开顶点编辑器面板,打开调整顶点模式(当前图层)
	打开顶点编辑器面板,打开调整顶点模式(所有图层)
	选中要编辑的要素
	批量修改所有选中要素的属性
	删除所选要素
	剪切要素
	复制要素
	粘贴要素
	撤销编辑
	恢复编辑

(2)开始矢量编辑

在"图层"面板的图层列表中选中一个矢量图层,单击数字化工具栏中的 ✏ 按钮(或者在右键菜单中选择"切换编辑模式"命令)即可开始编辑(进入编辑状态)。若图层列表中的某图

层上存在  按钮,则说明该图层处于编辑状态。

（3）结束和保存矢量编辑

选中一个正在编辑的图层,取消选中数字化工具栏中的 按钮即可结束编辑（或者在右键菜单中选择"切换编辑模式"命令）。结束编辑时,如果存在没有保存的变更,则提示用户是否保存（图 4.22）。

图 4.22 "结束编辑"对话框

若矢量图层处在编辑状态下,也可以单击数字化工具栏中的 按钮保存变更。另外, 按钮的下拉菜单也可以用于保存、回滚、取消要素变更（图 4.23）。

提示:编辑要素时,最好养成提前备份、随时保存的好习惯,以防止发生意外,导致数据丢失。

4.3.1.2　创建、编辑与删除要素

（1）创建要素

创建要素的步骤如下:

①使需要创建要素的图层进入编辑模式。

②根据当前图层的类型,选中数字化工具栏上的新建点要素按钮 、新建线要素按钮 和新建面要素按钮 。

③在地图画布上绘制要素的几何图形。对于点要素而言,直接在地图上单击即可;对于线要素和面要素而言,需要先按照排列顺序绘制所有的顶点,再右击完成绘制（在绘制过程中,按 Esc 键或退格键即可取消绘制）。

图 4.23 编辑工具下拉菜单

④在弹出的属性对话框中填入属性信息,单击"OK"按钮确认。

（2）编辑要素

选中数字化工具栏中的 按钮即可开启顶点编辑模式。顶点编辑模式包括当前图层顶点编辑和所有图层顶点编辑两种模式,可在其下拉菜单中选择。在当前图层顶点编辑模式下只能编辑选中图层的要素顶点,在所有图层顶点编辑模式下可以编辑所有图层的要素顶点。

此时,当鼠标光标停留在可以编辑的要素上时,QGIS 会突出显示其要素顶点,特别是鼠标光标停留的线段位置。

①增加顶点

如果需要在要素的某个线段中增加顶点,只需要在线段中间单击虚拟顶点"＋"即可,在地图画布的合适位置再次单击,即可保存顶点位置（图 4.24）。如果需要在线要素两端延长要素,只需要先将鼠标光标移动到其一端的顶点上,再单击旁边出现的虚拟顶点"＋"即可增加一个顶点,在地图画布的合适位置再次单击,即可保存顶点位置（图 4.25）。

②选择顶点

如果需要同时操作多个顶点,可以使用下述方法选中多个要素。

a. 按住 Shift 键的同时依次单击需要的顶点。

b. 使用鼠标框选顶点。

c. 按住"Shift+R"键后,单击同一个要素上的两个顶点,可以选中其间的所有顶点。

d. 按住 Ctrl 键的同时单击或框选顶点可以取消选中。

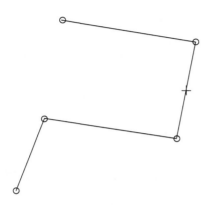 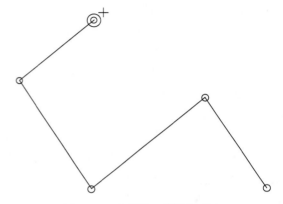

图 4.24 在线段中间添加顶点   图 4.25 在线段一端增加顶点

③删除顶点

选择需要删除的顶点后按 Delete 键即可删除顶点。

④移动顶点

选择需要移动的顶点后,单击其中某一个顶点并开始移动鼠标,然后在地图画布的合适位置再次单击即可。

⑤移动线段

单击需要移动的线段(除了其顶点和中央虚拟顶点"+")并移动鼠标,然后在地图画布的合适位置单击即可。

⑥修改顶点坐标

在顶点编辑模式下,右击任何一个可编辑要素,QGIS 会在"顶点编辑器"中显示各个顶点的坐标(图 4.26)。顶点列表与地图画布上的顶点可以交互,在地图画布上被选择的顶点所在的行在列表中将被选中。此时,在列表中可以修改要素顶点的 x 坐标、y 坐标、r 弧度(弧要素时可用)、z 值和 m 值(如果可用)。

⑦剪切、复制与粘贴

在编辑状态下,通过数字化工具栏中的剪切按钮 ✄(快捷键:Ctrl+X)、复制按钮 📄(快捷键:Ctrl+C)和粘贴按钮 📋(快捷键:Ctrl+V)可以对要素进行相应的操作。放入剪切板中的要素以文本格式存在(几何对象转为 WKT 格式),也可以将其复制到其他应用程序中。另外,通过其他应用程序获取的要素的 WKT 格式或 GeoJSON 格式的字符串也可以粘贴到 QGIS 的图层中。

QGIS 支持跨图层的要素剪切、复制和粘贴。选择需要剪切或复制的要素时,需要在图层列表中选择要素所在的图层,跨图层粘贴要素前切换到目标图层即可。

(3)删除要素

在编辑状态下,选择需要删除的要素后,单击 Delete 键(或退格键,或数字化工具栏中的

图 4.26　修改顶点坐标

🗑 按钮）即可删除要素。

　　提示：若编辑时出现失误，可以单击按钮 ↩ 撤销操作。单击 ↪ 按钮可以恢复撤销

4.3.2　高级编辑

4.3.2.1　高级编辑操作

　　掌握前面的知识就基本能够完成矢量化等基本工作了，下面介绍高级编辑工具栏及其主要操作。表 4-4 是高级编辑工具栏中的按钮及其功能。

表 4-4　高级编辑工具栏中的按钮及其功能

按钮	功能
◣	激活高级数字化工具
⊙ ∨ ⬤	移动要素
⊙ ∨ ⬤	复制并移动要素
⬤	旋转要素
⬤	缩放要素
⬤	简化要素
⬤	面要素增加内环
⬤	增加部件
⬤	以内环的形式分割面要素的内部区域
⬤	删除环

91

续表

按钮	功能
	删除部件
	重塑要素
	偏移曲线
	反转线要素顶点
	剪裁/扩展要素
	分割要素
	分割部件
	合并所选要素
	合并所选要素的属性
	旋转点要素符号
	偏移点要素符号

(1)通用高级编辑工具

①移动要素

在高级编辑工具栏中,根据要素类型的不同,单击 按钮分别进入移动点、线、面要素的模式。在上述按钮右侧的下拉菜单中,还可以单击 按钮分别进入复制并移动点、线、面要素的模式。移动要素是指在不产生新的要素的情况下,整体移动要素的位置;复制并移动要素则是保持原有的要素不变,复制一套新的要素并将其放入新的位置。

• 移动单一要素:在不选择任何要素的情况下,单击需要移动的要素,并在新的位置再次单击即可。

• 移动多个要素:选择需要移动的要素后,单击地图视图中的任何一个位置,将要素放置在新的位置再次单击即可。

复制并移动要素工具一次可以复制多个要素,因此,操作完成后需要右击(或按 Esc 键)退出此次复制并移动操作。

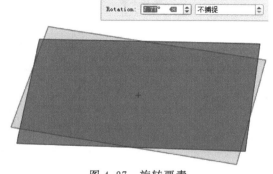

图 4.27　旋转要素

②旋转要素

单击高级编辑工具栏中的 按钮即可打开旋转要素模式。旋转单一要素只需要在不选择任何一个要素的情况下点选需要旋转的要素,使用鼠标将其旋转到正确的位置后再次单击即可(图 4.27)。旋转多个要素则先选择需要旋转的要素,单击地图视图中的任何一个位置后旋转要素,再次单击结束操作。

旋转要素时,旋转中心在要素的中心位

置。另外,通过"Rotation"选项可以手动输入旋转角度旋转要素,在吸附选项中,可以固定旋转角度为某个值的倍数。

③简化要素

简化要素的对象只能为线、面要素对象。单击高级编辑工具栏中的按钮即可开始简化要素模式,单击需要简化的要素即可弹出简化要素对话框(图 4.28)。

图 4.28 简化要素(见彩图)

在"方法"选项中选择简化的方法,共包括:

• 按距离进行简化。

• 按对齐网格进行简化。

• 按面积进行简化(Visvalingam 法)。

• 平滑。

在"容差"中输入容差及单位。在调整这些方法和参数时,对话框下方会提示顶点的变化情况,并在要素上显示简化后的要素形状。如图 4.28 所示,红色边的临时几何对象标识了简化后的几何对象,对话框下方的"1 要素:从 9 到 5 顶点(55%)"表示简化一个要素,将原来的 9 个顶点简化为 5 个顶点(顶点数减少到 55%)。注意,通常简化要素操作会导致许多拓扑问题的产生,请谨慎使用。

提示:在一般情况下,要素简化会使要素内的顶点数变少。但是,如果在"方法"选项中选择"平滑",由于拐角平滑处理的需要,平滑后的顶点通常会增多。

④多部件要素

多部件要素(Multi-part feature)标识一个要素包含多个几何对象,每个几何对象都是其中的一个部件。例如,具有飞地(Enclave)的行政区就属于多部件要素。

• 新建部件:单击高级编辑工具栏中 按钮,选中需要新建部件的要素(不可多选),绘制部件。

• 删除部件:单击高级编辑工具栏中的 按钮,选中需要删除部件的要素(不可多选),单击需要删除的部件。

• 分割部件:单击高级编辑工具栏中的 按钮,选中需要分割部件的要素(不可多选),绘制临时线对象切割该要素。

• 合并为部件(合并要素):选中需要合并的多个要素,单击高级编辑工具栏中的 按钮,在弹出的"合并要素"对话框中合并属性(图 4.29)。

在"合并要素"对话框中,"ID"行标识合并规则,"合并"行标识合并后的属性值,其他行均为正在合并的各个要素的属性值。合并规则可以指定设置为某要素的属性值,例如,"要素-13"表示设置为"-13"要素的属性值。除了设置为具体要素的属性值,合并规则还可以为计数

图 4.29 "合并要素"对话框

（Count）、总和（Sum）、平均值（Mean）、中值（Median）、总体标准差［St dev（pop）］、样本标准差
［St dev（sample）］、最小值（Minimum）、最大值（Maximum）、值域范围（Range）、寡数（Minori-
ty）、众数（Majority）、唯一值数目（Variety）、第一四分位数（q1）、第三四分位数（q3）、四分位距
（iqr）、跳过属性（Skip attribute）和自定义值（Manual value）等。

"合并要素"对话框下方的四个按钮的功能如下。

- 取所选要素的属性：设置为选中要素的属性。
- 从面积最大的要素获取属性。
- 忽略所有字段：跳过全部属性，即全部设置为空。
- 从选择里面移除要素：从待合并要素中去除选择的要素。

⑤统一要素

选择需要统一的要素后，单击 ▦ 按钮即可出现"合并要素属性"对话框。

⑥修正要素

修正要素可以改变线要素或面要素几何对象的一部分（图 4.30、图 4.31）。单击高级编辑
工具栏中的 ▶ 按钮，绘制一条与线要素（或面要素边界）具有两个相交点以上的线对象，系统
会将要素第一个相交点和最后一个相交点之间的部分替换为新绘制的几何对象的部分。对于
面要素而言，如果临时几何对象有两个顶点在要素外部，则要素被扩展；如果临时对象有两个
顶点在要素内部，则要素被切割。另外，用于修正面要素的临时线对象不能够跨越多个环（拓
扑错误）。

提示：通过重建要素工具，从线要素端点开始（需要启用捕捉）绘制临时几何对象可以延长
要素长度。

第 4 章　基于 QGIS 的数据处理

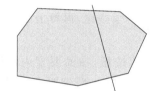

图 4.30　修正线要素　　　　　　　　　图 4.31　修正面要素

⑦扩缩要素

在高级编辑工具栏中单击 按钮即可启动扩缩要素模式,可以将要素扩展或缩小(图 4.32)。

⑧分割要素

分割要素可以将一个线要素或面要素分割成多个要素:单击高级编辑工具栏中的 工具,在地图画布中绘制临时几何对象穿过需要分割的要素后右击即可(图 4.33)。如果绘制几何对象之前已经选择了部分要素,则分割操作仅限于被选中的要素中。

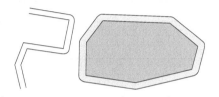
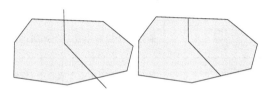

图 4.32　扩缩线要素和面要素　　　　　　图 4.33　分割要素

(2)点要素高级编辑工具

点要素可以根据属性表中的旋转角度字段旋转渲染符号。通过高级编辑工具栏中的 按钮和 按钮可以交互修改旋转和偏移矢量,同时修改属性表的相应字段。

由于设置了要素偏移,地图画布显示符号的位置并不是其要素的实际位置,因此,需要选中要素(全选)显示其中心位置(以红色"×"标识)

①旋转点要素符号

先单击高级编辑工具栏中的 按钮,再单击并按住要素所在位置的红色"×"标识,移动鼠标设置偏移量后松开鼠标即可。

②偏移点要素符号

先单击高级编辑工具栏中的 按钮,再单击并按住要素所在位置的红色"×"标识,移动鼠标设置偏移量后松开鼠标即可。

(3)线要素高级编辑工具

先单击高级编辑工具栏中的按钮,再单击线要素即可反转线要素顶点。

(4)面要素高级编辑工具

面要素环的新建、删除等操作可以按照以下方法进行操作。

①新建环

单击高级编辑工具栏中的 按钮,在面要素内绘制内环即可创建环。

95

②删除环

先单击高级编辑工具栏中的 🔧 按钮,再单击面要素的内环即可删除环。

③新建环并新建要素

单击高级编辑工具栏中的 🔧 按钮,在面要素内绘制内环即可创建内环,并将内环内部分割为新的要素。在弹出的对话框中输入新建要素的属性,单击"OK"按钮即可。

4.3.2.2 创建规则几何要素

利用形状数字化工具栏可以绘制一些形状规则的线要素或面要素,包括弧线、圆形、椭圆形、矩形和正多边形(图 4.34)。

图 4.34 形状数字化工具栏

表 4-5 是形状数字化工具栏的按钮及其功能。

表 4-5 形状数字化工具栏的按钮及其功能

按钮	功能
	通过 2 个点和半径绘制弧线
	通过 2 个点(在一个直径上)绘制圆形
	通过 3 个点绘制圆形
	通过 3 个切线绘制圆形
	通过 2 条切线和 1 个点绘制圆形
	通过圆心和 1 个点绘制圆形
	通过圆心和 2 个点绘制椭圆形
	通过圆心和 1 个点绘制椭圆形
	通过最小外切矩形范围绘制椭圆形
	通过圆心和焦点绘制椭圆形
	通过中心和 1 个点绘制矩形
	通过范围绘制矩形

按钮	功能
	通过 3 个点绘制矩形
	通过 2 个顶点绘制正多边形
	通过中心和 1 个边的中点绘制正多边形
	通过中心和 1 个顶点绘制正多边形

例如,通过 2 个顶点绘制正多边形的方法如下。

①单击"AddRegularPolygonfrom2Points"按钮。

②在地图画布中单击一个顶点后,在右上角的"Numberofsides"中输入正多边形的边数。

③在地图画布中另一个顶点的位置上右击,即可绘制一个以正多边形为几何对象的要素(图 4.35)。

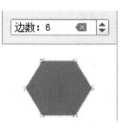

图 4.35　绘制正六边形

4.3.2.3　工具箱中的高级编辑

除了上述高级编辑操作功能,QGIS 工具箱还提供多种在编辑状态下处理几何对象的功能。为了筛选这些功能,单击工具箱上方工具栏中的 （原地编辑要素）按钮即可(表 4-6)。

表 4-6　工具箱中的高级编辑工具

工具		说明
矢量创建	转换要素数组	为每个要素创建按预设量递增移位的副本
矢量叠加	剪裁	通过参考面要素图层剪裁目标要素图层
	差异	目标图层与参考面要素图层的差集
矢量几何图形	点捕捉到网格	修改点坐标,使所有点都捕捉到最近的网格点
	多部件转单部件	将多部件要素中的每个部件转为单独的单部件要素
	仿射变换	将几何图形平移、缩放、旋转到一个图层上
	几何图形捕捉	捕捉图层中的几何图形
	交换 X 和 Y 的坐标	反转要素中每个节点的 X 坐标和 Y 坐标
	偏移	将几何图形进行图层内移动
	曲面上的点	返回保证位于几何图形的表面上的点
	提取顶点	提取几何图形的顶点
	提取特定的顶点	使用线或多边形图层生成点图层
	提升为多部件	将单独的单部件要素转为多部件要素
	投影点(笛卡尔坐标)	投影并创建一个新的点形图层
	修正几何图形	给无效几何图形创建有效的表示形式
	旋转	根据指定的角度顺时针方向旋转要素几何图形

续表

工具		说明
矢量几何图形	移除重复的顶点	从要素中删除重复的顶点
	再分	将复杂几何图形拆分成复杂程度较低的部件
	质心	创建新的点图层,其中点表示输入图层中几何图形的质心
矢量属性表	添加 X/Y 字段到图层	添加 X 和 Y(或者经纬度)字段到点图层
矢量通用	按字符分割要素	将要素拆分为多个输出要素
	丢弃几何图形	删除选中的要素
	批处理 Nominatim 地理编码	使用 Nominatim 服务对输入图层字符串字段执行批处理地理编码
	重投影图层	重投影矢量图层
制图	对齐点到要素	将点要素与来自另一个参照图层的最近要素对齐以计算所需的旋转角度

4.3.3 属性编辑

4.3.3.1 属性编辑操作

在编辑模式下,除了几何对象的创建和编辑,也可以在属性表中编辑各要素的属性,属性表上部包括类似于编辑工具栏中的部分按钮(表 4-7)。

表 4-7 属性表中用于属性编辑的相关按钮

按钮	功能
	打开编辑状态
	打开多要素编辑模式
	保存编辑内容
	刷新属性表数据

属性编辑常见的操作包括修改属性值、新建字段、删除字段、新建记录等。

(1)修改属性值

在编辑状态下,表格或表单中的数据可以被修改属性值。下面介绍如何一次性修改多个要素的属性值,具体操作如下。

①选择需要修改的要素。

②单击 ✎ 按钮打开多要素编辑模式。

③在弹出的界面中输入一次性修改的属性值,并单击最上方的"应用更改"按钮应用修改,或者单击"重置更改"按钮重置所有修改。

(2)新建字段

单击属性表工具栏中的 按钮,即可为当前图层创建一个新的字段(图 4.36)。在"名称"中输

图 4.36 新建字段

入字段名称;在"注释"中输入字段说明;在"类型"中选择字段类型;"数据源类型"显示具体数据格式界定的数据类型;在"长度"中输入数据的字段长度,单击"OK"按钮即可。

(3)删除字段

单击属性表工具栏中的 按钮,在弹出的对话框中选择需要删除的字段,并单击"OK"按钮即可(图 4.37)。

图 4.37　删除字段

(4)新建记录(要素)

单击属性表工具栏中的 按钮即可新建记录(图 4.38),在右侧属性框中添加字段并输入各个属性值即可。通过新建记录的方式并不能创建几何对象,请慎用。

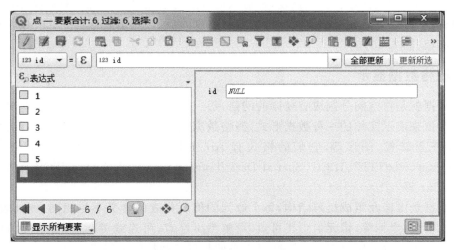

图 4.38　新建记录(要素)

4.4　基于 QGIS 遥感数据处理

在 QGIS 添加各种文件前,需要先新建一个工程文件(图 4.39),它其实相当于一个保存数据坐标投影、字体、符号等信息的工作空间，QGIS 的工程文件有两个版本，分别为"qgz"和"qgs"，"qgs"格式是存储图层的信息等的 XML 文件，"qgz"格式采用 ZIP 压缩方法，包含"qgs"文件，还包括附属数据库（ Auxiliary Storage ）文件（后缀名为"qgd"），在 QGIS 3.2 以后，"qgz"文件成为 QGIS 项目的默认存储格式，本书也使用"qgz"格式进行讲解。

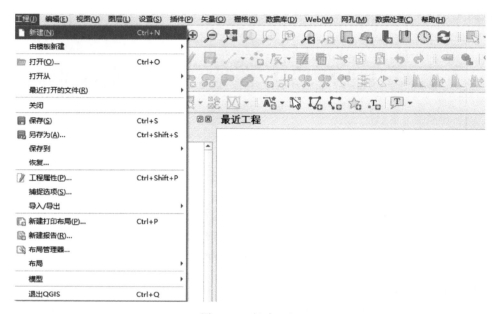

图 4.39　新建工程

　　关于工程的打开、保存、关闭、恢复，都可以通过点击主菜单的"工程"来实现，同时点击"工程→工程属性"可以查看和修改工程文件的一些信息，也可以点击右下角的 EPSG 快速进入到工程属性面板（图 4.40）。

4.4.1　栅格数据显示

　　栅格数据就是将空间分割成有规律的网格，每一个网格称为一个单元，并在各单元上赋予相应的属性值来表示实体的一种数据形式，栅格数据的种类有很多，比如卫星影像、数字高程模型、数字正射影像、图形等，它们的格式有 Arc/Info Binary Grid、Arc/Info ASCII Grid、GRASS Raster、GeoTIFF、JPEG、Spatial Data Tranfer Standard Grids、USGS ASCII DEM、Erdas Imagine 等

　　栅格数据是由像元组成矩阵结构，每个像元的值所代表的含义不尽相同，比如表示光谱、高程、坡度、密度、坐标等，像元值可正可负，可整型可浮点，可连续可离散，栅格无值的地方用 NoData 表示，每个像元所覆盖的实际区域大小就是栅格数据的分辨率。

　　栅格数据格式多，结构简单，点、线、面都能存储，而且加载速度快，方便数据叠加和分析。

　　本书采用一景 16 m 的 GF1_WFV1 影像为例来演示栅格数据的加载，点击菜单栏的图层—添加图层—添加栅格图层，弹出"数据源管理器"面板（图 4.41），点击选择影像的三个点，选择栅格影像，点击添加即可（图 4.42），值得注意的是，如果栅格影像不是很小，QGIS 会构造金字塔，用一个 .over 和一个 .xml 的后缀文件保存影像的坐标投影等信息。

图 4.40　工程属性

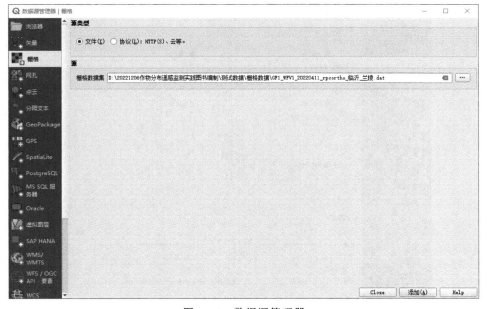

图 4.41　数据源管理器

添加进影像后,一般需要调整不同的波段组合来显示,双击图层面板的影像或者右击图层面板的影像,选择属性,在弹出的图层属性面板上选择符号化,渲染类型选择多波段彩色,就可

101

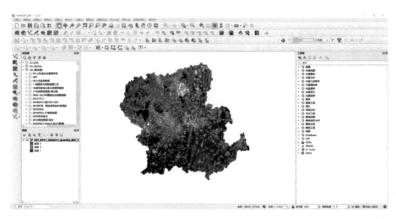

图 4.42　添加栅格

以调整红绿蓝对应的波段了,从而实现不同的波段组合。如果影像的亮度、拉伸情况不好,也可以在对比度增强和图层渲染选项下调整。另外,在栅格工具栏中也可快速调整拉伸、对比度、亮度(图 4.43),调整完成后,点击应用,可以预览,没有问题,点击"OK"即可(图 4.44)。

图 4.43　栅格工具栏

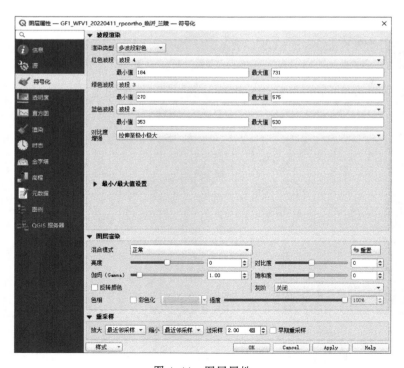

图 4.44　图层属性

关于影像的分级显示,以植被指数数据为例来演示,首先,将植被指数数据加载进来,在图层面板上右击植被指数,选择属性,在符号化选项下,调整渲染类型为单波段伪彩,差值选择离散,颜色渐变可以选择合理的颜色条带,点击应用就可以看到植被指数的分级显示(图 4.45、图 4.46)。

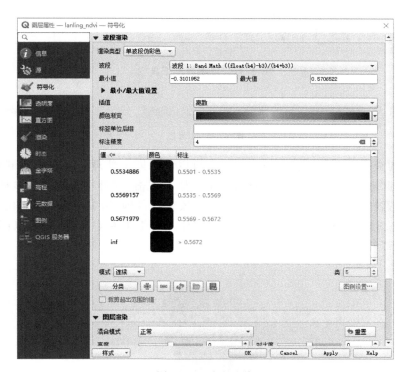

图 4.45　波段渲染

图 4.46　分级显示

　　然后,对影像的查看需要用到地图导航工具栏(图4.47),如果没有此工具栏,可以右击空白处,在工具栏面板下,将地图导航工具栏前面的对号勾上即可,点击"小手"后,长按左键即可移动影像,可以通过放大镜和缩小镜来放大和缩小影像,也可直接滑动滚轮,如果要精确的放大和缩小,可以在右下方直接设置比例尺(图4.48)。

图4.47　地图导航工具栏

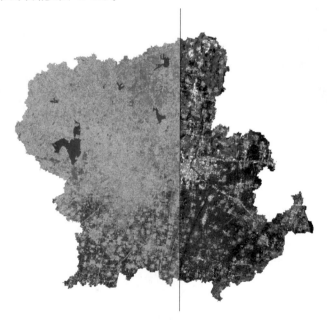

图4.48 状态栏

　　关于影像的查看,还可以用到卷帘工具,它可以看到同一地理位置上的不同的两景影像,便于观察变化,此工具需要下载一个插件,在菜单栏上点击"插件—管理并安装插件",会弹出插件面板,在搜索栏上搜索MapSwipe Tool,点击安装插件即可,安装完成后,在菜单栏上找到map swipe tool图标,单击一下,然后在影像上按住左键上下左右移动,就可以同时看到两景影像,实现了卷帘的功能(图4.49)。

图4.49　卷帘查看(见彩图)

　　属性工具栏(图4.50)可以查看栅格影像的更多信息,比如常用的识别按钮,点击后,可以在右侧看到目标物的波谱的信息(图4.51),点击测量可以获取栅格影像的几何信息(图4.52)。

图4.50　属性工具栏

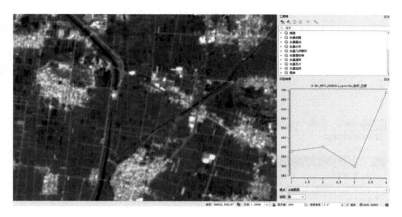

图 4.51　波谱信息

图 4.52　几何信息

4.4.2　矢量数据的叠加

矢量数据是用 X、Y、Z 坐标表示地图图形或地理实体位置的数据，一般通过记录坐标的方式来尽可能将地理实体的空间位置表现得准确无误，显示的图形一般分为矢量图和位图。

目前 QGIS 支持的矢量数据格式有 Arc/Info Binary Coverage、ESRI Shapefile、Mapinfo File 等，用 ESRI 研发的矢量数据格式 SHP(Shapefile)来演示矢量数据的叠加，SHP 数据至少包含 shp、shx、dbf 三个文件，shp 文件是数据的主要文件，用于保存地理要素的几何实体，shx 是空间数据索引文件，存储地理数据几何特征的索引，可以记录几何实体的空间位置，加快搜索效率，dbf 文件是属性数据文件，存储地理数据的属性信息，这个数据用 Excel 也是能单独打开的，另外，一个 Shapefile 格式数据还可以包括坐标系统描述文件（prj）、统计信息描述文件（shp. xrnl）、空间索引文件（sbn）等。

接着正式演示矢量数据的叠加，首先演示面数据的叠加。在 QGIS 的菜单栏中，点击"图层—添加图层—添加矢量图层"（图 4.53），会弹出数据源管理器，在"源"下点击添加矢量文件，如果文件比较多，可以在右下角筛选器中选择"shp"格式，点击打开（图 4.54），在数据源管理器中点击添加即可（图 4.55），本书添加的是山东省市级界线的 shp 面矢量，添加的效果如图 4.56 所示。

图 4.53　添加矢量图层

图 4.54　矢量筛选

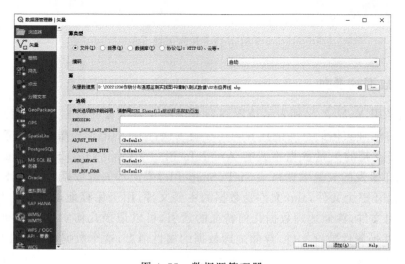

图 4.55　数据源管理器

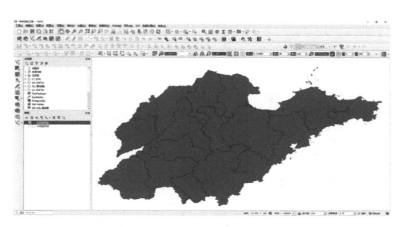

图 4.56　添加效果示例

　　点、线矢量的加载,和上述面矢量的方法相同。以山东省临沂市兰陵县为例,加载一些随机点和随机线矢量,同样点击"图层—添加图层—添加矢量图层",将点线矢量加载进来(图 4.57)。

图 4.57　点、线矢量的加载(见彩图)

　　关于矢量图层的颜色、符号等问题,以面矢量图层为例,点、线矢量同理,在山东省冬小麦上调整全省的面矢量,双击矢量图层,在弹出的图层属性面板上,选择符号化,可以选择单一符号、分类、渐进等,这里选择单一符号,图层的颜色填充、透明度等都可以调整(图 4.58),如果想让矢量显示各个县的名称,可以选择标注(图 4.59),在右侧选项框中选择单一标注,此选项选择矢量中县名称对应的字段即可,其他的文本字体等,可以酌情设置,点击"OK"即可,标注后面矢量在栅格上的叠加效果如图 4.60。

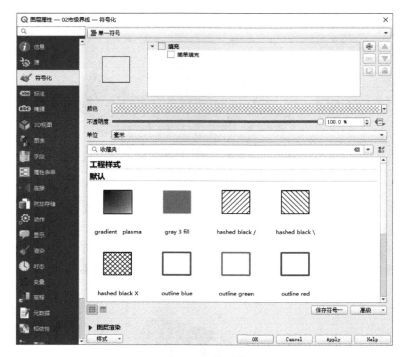

图 4.58　符号化

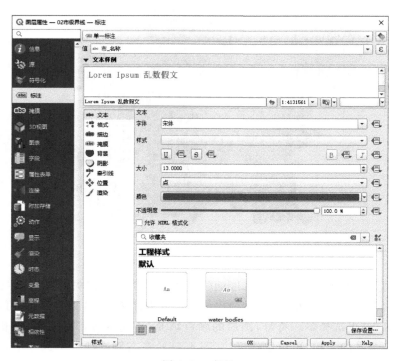

图 4.59　标注

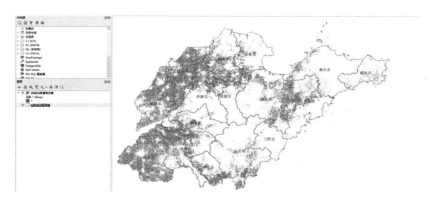

图 4.60　面矢量的叠加

　　有关矢量属性表的问题,可以右键点击图层面板上的目标矢量,打开属性表,在属性表面板上可以选择各个元素,被选中的要素在地图上会高亮显示(图 4.61),如图要找某一个县,可以点击"使用表单选择/过滤要素",在县名称上输入目标县,点击缩放到要素范围即可(图 4.62),过滤后左侧列表就会出现目标县元素,选中即可高亮显示,此时如果想要导出选中的要素,在矢量图层上右击,选择"导出—选中的要素另存为",即可选择导出的格式和位置了(图 4.63)。

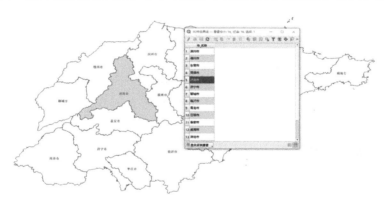

图 4.61　要素选择

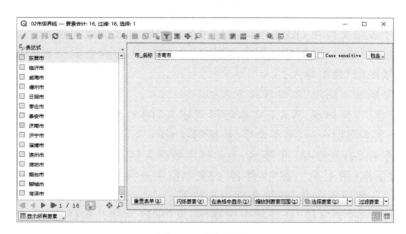

图 4.62　要素筛选

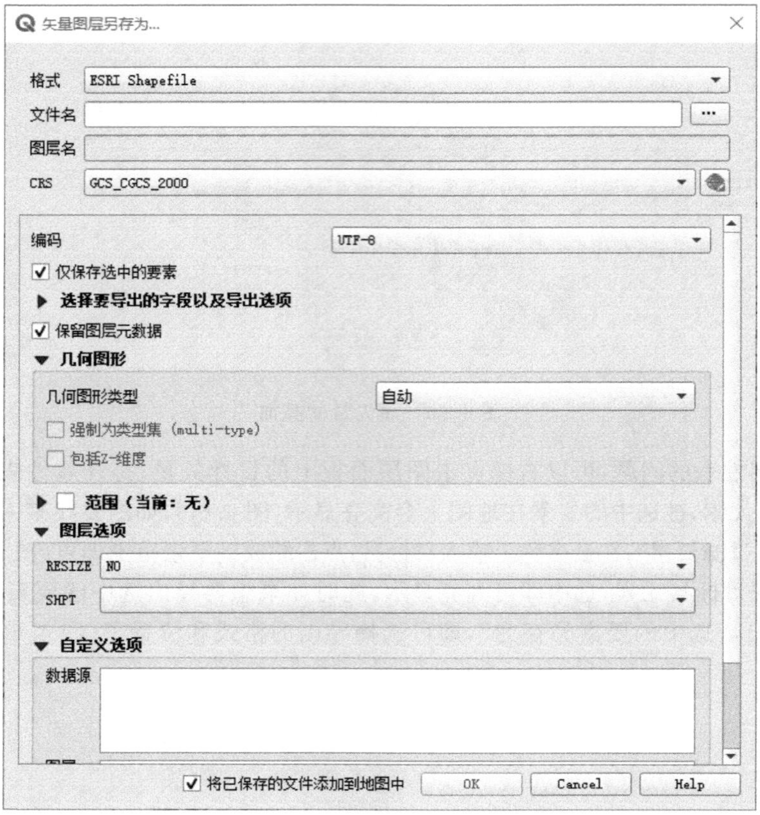

图 4.63　矢量导出

4.5　样本数据获取

4.5.1　表格导入点要素

XLS、XLSX 文件（Excel 电子表格）、csv（逗号分隔文件）、TXT 文件（Tab 分隔、空格分隔）等类型的电子表格文件在 QGIS 中可以通过下面两种方式读取与加载。其中带有空间信息的数据的读取可以通过"添加分隔文本图层"菜单导入，不带有空间信息的数据的读取则可以通过"添加矢量图层"菜单导入。

通过"添加分隔文本图层"菜单导入方式如下。

包括空间信息（以坐标点、WKT 文本等形式定义）的文本格式文件可以通过图层—添加图层—添加分隔文本图层……"菜单命令（快捷键：Ctrl＋Shift＋T）导入。

以导入"山东省 2016—2021 年降水 .csv"样本数据为例，具体导入方法如下：首先，需要打开分隔符文本对话框（图 4.64），在"文件名"的文本框中选择文件"山东省 2016—2021 年降水 .csv"。然后，在"几何图形定义"的组合框中选择第一个"点坐标"，并在其"X 字段"选项中选择"经度"字段，同样在"Y 字段"选择项中选择"纬度"字段，在"几何图形 CRS"中选择坐标参考系"EPSG：4326 - WGS 84"。最后，点击"添加"按钮。

注意：XLS/XLSX 文件不能直接通过这种方式添加图层，需要将 XLS/XLSX 文件转为 csv 文件，再进行上述操作。

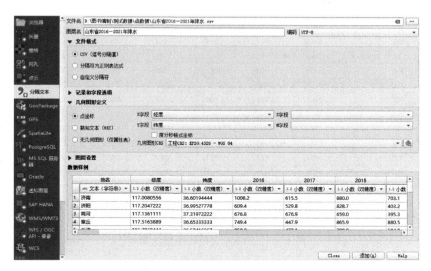

图 4.64　读取分隔文本对话框

通过"添加矢量图层"菜单导入方式如下。

若文件中不包括空间信息（点、线、面等空间要素），则可以通过"图层—添加图层—添加矢量图层……"菜单命令导入数据，数据文件中的所有信息将以表图层的方式呈现在图层列表中。采用这种方法导入不带有坐标信息的样本数据"山东省 2016—2021 年降水 .xls"，其具体导入方法如下：首先，需要打开矢量对话框，选择文件"山东省 2016—2021 年降水 .xls"，然后，点击添加（图 4.65）。最后，在图层列表中，选择"打开属性表"选项便可查看表格内容（图 4.66）。

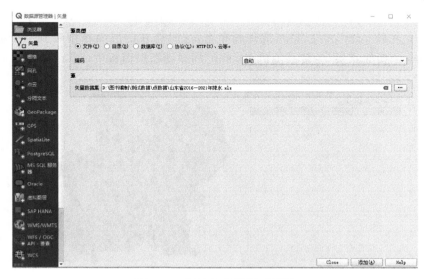

图 4.65　读取矢量图层对话框

	地名	2016	2017	2018	2019	2020	2021	平均值
1	济南	1008.2	615.5	880	703.1	660.5	1043.4	
2	济阳	609.4	529.8	828.7	403.2	644.9	1058.4	
3	商河	676.8	676.9	659	395.3	699.9	1067.1	
4	章丘	749.4	447.9	865.9	880.5	728.1	982.1	
5	长清	850	472.1	788.8	504	748.3	973.2	
6	平阴	765.6	615.3	783.9	405.7	713.9	1135.6	
7	莱芜	780.5	622.9	748	515.4	832.8	1015.4	
8	青岛	484.2	729.1	686.2	479.5	1093.8	847	
9	胶州	564.2	612.1	741.9	272.9	935.1	698.1	
10	平度	547.3	589.1	642.1	485.2	827.5	794.3	
11	莱西	548.3	768.7	613.7	476.3	779.5	800.5	
12	崂山	533.4	690.1	806.8	408.4	968.8	939.1	
13	即墨	632.8	636.2	862.3	396.8	1065.6	776.1	
14	董岛	529.4	785.2	705.9	504.3	1213.7	929.1	

图 4.66　XLSX 文件的图层的属性

采用这种方式也可以打开 csv、TXT 等文本文档存储的表格数据。

注意：如果打开的数据文档中存在坐标点信息，但是该数据文档已经通过"添加矢量图层"菜单导入 QGIS 中，那么可以通过工具箱中的"矢量创建—从表格创建点图层"工具创建一个点要素矢量图层。

4.5.2　遥感影像值提取至点

当需要知道某一个点上的属性值，但属性值以空间栅格数据的形式存储的，这时就需要根据坐标点提取对应坐标点上的栅格的像元值。在 QGIS 中可以使用"栅格分析—对栅格数据采样"的功能来实现。

首先，需要准备矢量点数据和栅格数据，在 QGIS 浏览器中找到"GF1_WFV1_20220411_rpcortho_临沂_兰陵 . dat"文件，将其拖到画布上，这时会在图层面板中看到一个新的栅格图层，接下来将一个新的点层"兰陵县随机点 . shp"加载到图层面板中（图 4.67）。

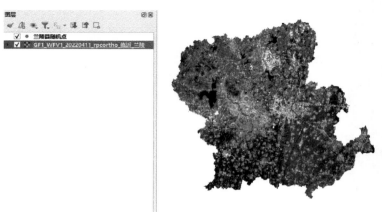

图 4.67　添加矢量和栅格数据到地理画布

现在,准备在这些点上从栅格图层中提取值。"数据处理—工具箱—栅格分析—对栅格值取样"双击启动它,在打开的对栅格值取样的对话框中,在输入图层的文本框中选择"兰陵县随机点",栅格图层的文本框中选择"GF1_WFV1_20220411_rpcortho_临沂_兰陵.dat",然后点击运行,处理完成后,点击"Close"(图 4.68)。

图 4.68　对栅格值取样对话框

一个新的采样点层被加载到图层面板中。选择识别工具,然后单击任意一点。可以在识别结果面板中看到显示的属性。可以看到名为 value_1、value_2、value_3、value_4 的新属性添加到每个功能。这是在该点的位置提取的栅格图层的像元值(图 4.69)。

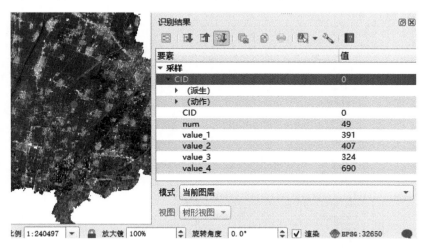

图 4.69　识别结果面板

4.5.3　按掩膜提取

首先,需要准备矢量数据和栅格数据,以基于"山东省冬小麦遥感监测"上提取兰陵县的冬小麦分类信息为例。在 QGIS 浏览器中将"2022 山东省冬小麦.tif"拖到画布上,会在图层面板中看到一个新的栅格图层,接下来将矢量数据"兰陵县_镇级"加载到图层面板中(图 4.70)。

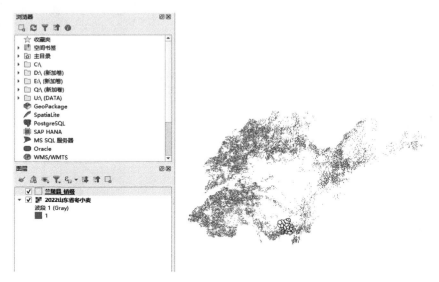

图 4.70　添加矢量和栅格数据到地理画布

　　然后,在 QGIS 工具箱面板中依次点击"GDAL—栅格提取—按掩膜图层裁剪栅格"来打开按掩膜提取工具(图 4.71),在打开的对话框中设置参数,输入图层的对话框中选择栅格数据,掩膜图层的对话框中选择矢量数据,注意要勾选掩膜图层后面的绿色循环按钮,意思是遍历这个矢量内部的各个元素,然后点击运行(图 4.72)。便可得到按掩膜提取的兰陵县冬小麦分类结果(图 4.73)。

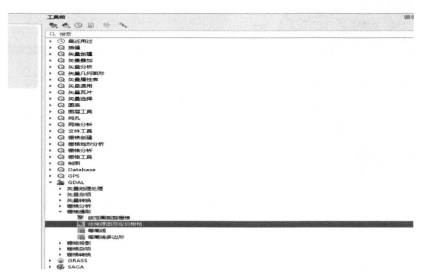

图 4.71　按掩膜图层裁剪栅格工具

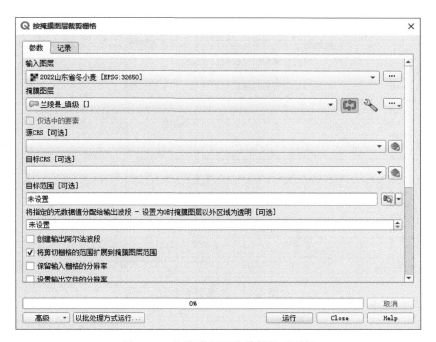

图 4.72　按掩膜图层裁剪栅格对话框

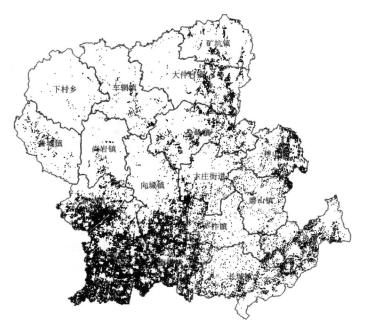

图 4.73　按掩膜图层裁剪栅格结果

可以看到在矢量数据里面有 17 个元素(图 4.74),那么裁剪之后也会相应裁出 17 个栅格(图 4.75)。

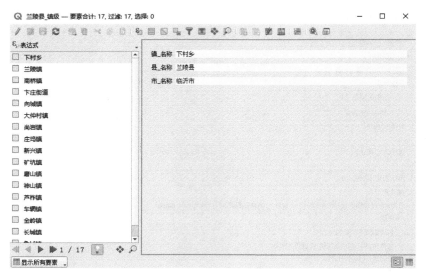

图 4.74　矢量要素合计

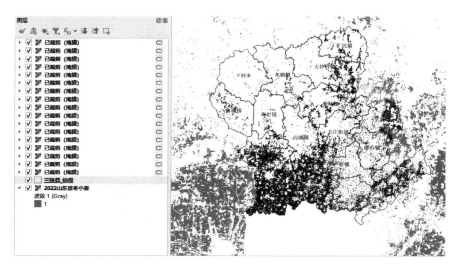

图 4.75　裁剪栅格个数

最后,可以在"属性—符号化"中更改色带,在对话框中波段渲染下的渲染类型的文本框中选择"调色板/唯一值"(图 4.76),查看分类结果(图 4.77,图 4.78)。

4.5.4　行列号取值

4.5.4.1　行列号取值原理

根据提供的坐标信息(地理坐标、投影坐标、行列号)提取遥感数据各波段的值。通过GDAL 读取影像,并将数据读成多维数组,坐标信息换算的行列号对应的多维数组值即为所求。

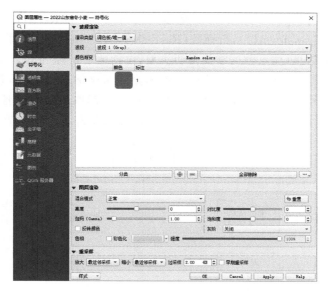

图 4.76　图层属性中的符号化对话框

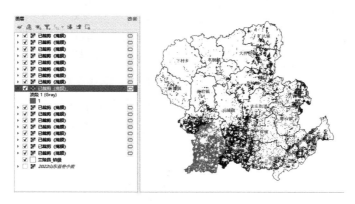

图 4.77　查看分类结果

图 4.78　兰陵县冬小麦分类结果

首先,读取遥感数据(gdal. Open())的坐标信息(osr. SpatialReference()),起始坐标格点尺寸及旋转(GetGeoTransform()),行列数(RasterXSize,RasterYSize),将数据写成数组对应栅格矩阵;其次,坐标信息(输入数据需要指明类型,包括地理坐标(lon、lat)、投影坐标(x、y)、行列号(row、col))间相互换算,包括经纬度转投影坐标系坐标,投影坐标系坐标转经纬度,投影坐标系坐标转行列号,行列号转投影坐标系坐标;最后,读取遥感数据各波段的值。遍历提供的坐标,并将其与对应行列号及影像各波段值输出并保存为 csv(图 4.79)。

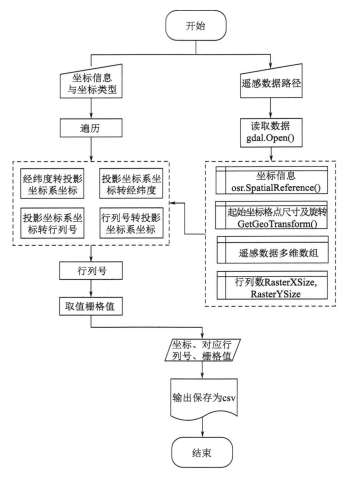

图 4.79　遥感数据输入坐标取值代码流程图

4.5.4.2　代码实现

(1)读取数据

```
import numpy as np
from osgeo import gdal, gdalconst, osr
import pandas as pd
import csv
import time
♯ 只读方式打开获取数据集,投影坐标系,地理空间坐标系,栅格空间范围,栅格尺寸
```

```
def get_file_info(imgfilepath)：
    dataset=gdal. Open(imgfilepath, gdalconst. GA_ReadOnly)
    pcs=osr. SpatialReference()
    pcs. ImportFromWkt(dataset. GetProjection())
    gcs=pcs. CloneGeogCS()
    extend=dataset. GetGeoTransform()
    shape=(dataset. RasterXSize，dataset. RasterYSize)
    img_width=dataset. RasterXSize
    img_height=dataset. RasterYSize
    # 将数据写成数组,对应栅格矩阵
img_data=np. array(dataset. ReadAsArray(0, 0, img_width, img_height)，dtype=float)
    return dataset, pcs,gcs, extend, shape, img_data
```

（2）经纬度转为投影坐标系坐标

```
# 投影坐标系,地理空间坐标系,lon 经度,lat 纬度
def lonlat2xy(pcs,gcs, lon, lat)：
    ct=osr. CoordinateTransformation(gcs, pcs)
    coordinates=ct. TransformPoint(lon, lat)
    return coordinates[0], coordinates[1]，coordinates[2]
```

（3）投影坐标系坐标转为经纬度

```
def xy2lonlat(pcs,gcs, x, y)： # x&y 投影坐标值
    ct=osr. CoordinateTransformation(gcs, pcs)
    lon,lat=ct. TransformPoint(x,y)
    return lon, lat
```

（4）投影坐标系坐标转为行列号

```
def xy2rowcol(extend, x, y)： # 栅格空间范围,x&y 投影坐标值
    a=np. array([[extend[1], extend[2]], [extend[4], extend[5]]])
    b=np. array([x-extend[0], y-extend[3]])
    rowcol=np. linalg. solve(a, b)
    row=int(np. floor(rowcol[1]))
    col=int(np. floor(rowcol[0]))
    return row, col
```

（5）行列号转为投影坐标系坐标

```
def rowcol2xy(extend, row, col)： # 栅格空间范围,row,col 行列号
    x=extend[0]+row * extend[1]+col * extend[2]
    y=extend[3]+row * extend[4]+col * extend[5]
    return x, y
```

（6）输入数据转为行列号，并获取对应的栅格数值

```
def getvaluebycoordinates(imgfilepath, coordinates, coordinates_type="rowcol"):
    dataset, pcs, gcs, extend, shape, img = get_file_info(imgfilepath)
    value=None
    if coordinates_type=="rowcol":  #行列号模式
        value=img[:,coordinates[0], coordinates[1]]
    elif coordinates_type=="lonlat":
        x, y, _=lonlat2xy(pcs,gcs, coordinates[0], coordinates[1])
        row, col=xy2rowcol(extend, x, y)
        value=img[:,row, col]
    elif coordinates_type=="xy":
        row, col=xy2rowcol(extend, coordinates[0], coordinates[1])
        value=img[:,row, col]
    else:
        raise("""coordinates_type:wrong parameters input""")
    return value
```

（7）调用函数循环获取 csv 提供的坐标，并将结果输出为 csv

```
if __name__ == '__main__':
    #行列号坐标文件
    inputfile = 'Z:\\遥感科文档\\基于 GEE 和 Sentinel-2 的冬小麦面积提取及长势
监测\\数据库\\dezhouv2\\test.csv'
    #提取结果保存文件
    outcsvfile = 'Z:\\遥感科文档\\基于 GEE 和 Sentinel-2 的冬小麦面积提取及长
势监测\\数据库\\dezhouv2\\test1.csv'
    #待提取影像文件
    inputdir = "Z:\\遥感科文档\\基于 GEE 和 Sentinel-2 的冬小麦面积提取及长势
监测\\数据库\\dezhouv2\\20200426_023514_90_1065_3B_AnalyticMS.tif"
    dataset, pcs, gcs, extend, shape, img_data = get_file_info(imgfilepath=inputdir)
    df = pd.read_csv(inputfile, encoding='gb2312')
    dic = []
    for index, coordinates in df.iterrows():
        # imgfilepath 影像位置，coordinates 输入坐标，coordinates_type 输入数据模
式，默认为 rowcol 模式（行列号模式）
        value = getvaluebycoordinates(imgfilepath=inputdir, coordinates=coordi-
nates, coordinates_type="xy")
        line = coordinates[0]
        column = coordinates[1]
        valuedict = dict(enumerate(value))
        newdic = {'x': line, 'y': column}
        newdic.update(valuedict)
        header = newdic.keys()
        dic.append(newdic)
    with open(outcsvfile, 'a', newline='', encoding='utf-8') as f:
```

```
        writer = csv.DictWriter(f, fieldnames=header)   ♯提前预览列名,当下面
代码写入数据时,会将其一一对应。
        writer.writeheader()   ♯写入列名
        writer.writerows(dic)   ♯写入数据
    print("提取已完成")
```

4.5.4.3　输出结果

(1)任务台

```
    C:\Clone\python.exe
C:/Users/Administrator/PycharmProjects/pythonProject/RawColExtrac.py
    目前已完成:1/11
    目前已完成:2/11
    目前已完成:3/11
    目前已完成:4/11
    目前已完成:5/11
    目前已完成:6/11
    目前已完成:7/11
    目前已完成:8/11
    目前已完成:9/11
    目前已完成:10/11
    目前已完成:11/11
    已完成,用时 141 秒
    程序运行完成,结果输出路径为:Z:\遥感科文档\基于 GEE 和 Sentinel-2 的冬小麦面
积提取及长势监测\数据库\dezhouv2\test1.csv

Process finished with exit code 0
```

(2)涉及文件

①所有文件(图 4.80)

20200426_023514_90_1065_3B_Analyt...	2020/4/30 13:38	TIF 图片文件	347,345 KB
test.csv	2023/6/29 22:29	XLS 工作表	1 KB
test1.csv	2023/6/29 23:19	XLS 工作表	1 KB

图 4.80　所有文件

②输入 csv 文件(图 4.81)

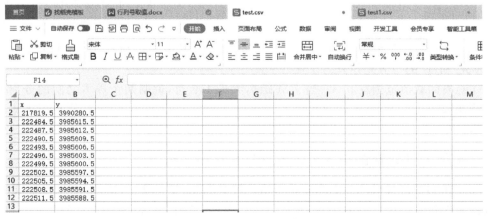

图 4.81　输入 csv 文件

121

③输出 csv 文件(图 4.82)

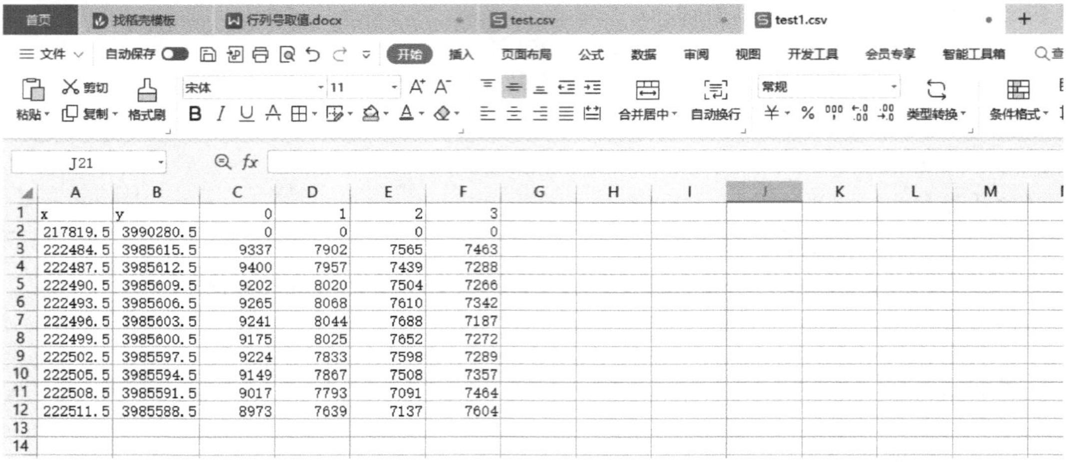

	A	B	C	D	E	F
1	x	y	0	1	2	3
2	217819.5	3990280.5	0	0	0	0
3	222484.5	3985615.5	9337	7902	7565	7463
4	222487.5	3985612.5	9400	7957	7439	7288
5	222490.5	3985609.5	9202	8020	7504	7266
6	222493.5	3985606.5	9265	8068	7610	7342
7	222496.5	3985603.5	9241	8044	7688	7187
8	222499.5	3985600.5	9175	8025	7652	7272
9	222502.5	3985597.5	9224	7833	7598	7289
10	222505.5	3985594.5	9149	7867	7508	7357
11	222508.5	3985591.5	9017	7793	7091	7464
12	222511.5	3985588.5	8973	7639	7137	7604

图 4.82　输出 csv 文件

4.6　基于 J-M 距离的样本可分离性计算

样本选取好后，需要对样本的质量进行评价，即计算样本之间的分离度，而两种类别之间的 J-M 距离是表征两者可分离性的常用准则之一。

4.6.1　J-M 距离的计算原理

对于两个概率分布和之间的 J-M(Jeffries-Matusita)距离被定义为两个分布之间的平均距离，计算公式为：

$$J_{ij}=\int_{x}\left\{\sqrt{p(x\mid\omega_i)}-\sqrt{p(x\mid\omega_j)}\right\}^2\mathrm{d}x \tag{4.1}$$

对于当 ω_i 和 ω_j 满足正态分布时：

$$J_{ij}=2(1-\mathrm{e}^{-B_{ij}}) \tag{4.2}$$

其中：

$$B_{ij}=\frac{1}{8}(m_i-m_j)^T\left\{\frac{C_i+C_j}{2}\right\}^{-1}(m_i-m_j)+\frac{1}{2}\ln\left\{\frac{\left|\frac{C_i+C_j}{2}\right|}{\sqrt{|C_iC_j|}}\right\} \tag{4.3}$$

即 ω_i 和 ω_j 之间的巴氏距离(Bhattacharyya Distance)。其中，m_i 和 m_j 为 ω_i 和 ω_j 的均值，C_i 和 C_j 为 ω_i 和 ω_j 的协方差矩阵。

J-M 距离的取值范围在 0～2，当 J-M 距离大于 1.9 时，说明两个样本之间的分离度是很好的。当距离小于 1.8 时，说明分离度不高，需要修改。当距离小于 1 时，则可以考虑两类为一类样本。

4.6.2　基于 J-M 距离的样本可分离性计算代码实现

主要应用到的影像数据为山东省临沂市兰陵县 2022 年 4 月 11 日 GF-1 遥感影像；样本数据是根据影像数据特征绘制的小麦、大蒜、森林、裸地、城镇、水体、棚地 7 类地物的样本，数据类型为点数据;影像数据与样本数据的详细情况见图 4.83。

图 4.83　影像数据与样本数据(见彩图)

(1)读取数据

导入库:

```
import rasterio
import rioxarray
import numpy as np
import xarray as xr
import pandas as pd
import geopandas as gpd
from osgeo import gdal
from shapely. geometry import mapping
```

读取需要分类的 GF-1 栅格数据:

```
Data= xr. open_rasterio("F:/PythonCode/data/GF1_WFV1_20220411_rpcortho_临
沂_兰陵 . tif")
```

读取绘制的样本数据:

```
rois= gpd. read_file("F:/PythonCode/data/sample. shp ")
Ids= np. array(rois. Id)
nodata= list(Data. nodatavals)
#1. 构建训练数据
trainX= list()
trainY= list()
Class= list()
#2. 循环标识
index= 0
#3. 循环读取每个 roi 中的数据并存储到训练数据中
for Id in Ids:
```

```
#该循环对应的 Id 和 roi 数据
Id_num＝rois. Id [index]
Class_name＝rois. class_name[index]
roi＝gpd. GeoSeries(rois. geometry[index])
index＝index＋1
#该循环对应的 roi 裁剪栅格数据
Data_clip＝Data. rio. clip(roi. geometry. apply(mapping)，rois. crs)
trainX_data＝np. array(Data_clip. data)
band，length，width＝trainX_data. shape
#将数据存入训练数据中
for i in range(length)：
    for j in range(width)：
    tem＝trainX_data[：,i,j]. tolist()
        if tem＝＝nodata：
            continue
        else：
            trainX. append(tem)
            trainY. append(int(Id_num))
            Class. append(Class_name)
```

（2）计算样本之间的 J-M 距离

```
#1. 将训练数据和分类类别转为数组,以方便后续数据运算
trainX_arr＝np. array(trainX)
Class_arr＝np. array(Class)
#2. 循环读取各类别的样本数据并计算均值与标准差
ave_classes＝{}
cov_classes＝{}
classes＝np. unique(Class_arr)
for class_type in classes：
    trainX_class＝trainX_arr[Class_arr＝＝class_type，：]
    trainX_class_reshape＝trainX_class. T
    trainX_class_ave＝np. mean(trainX_class_reshape，axis＝1)
    ave_classes[class_type]＝trainX_class_ave
    trainX_class_cov＝np. cov(trainX_class_reshape)
    cov_classes[class_type]＝trainX_class_cov
#3. 计算各类别之间的 J_M 距离
#建立用于存储 J_M 距离计算结果的列表
JM_Data＝np. zeros((len(classes),len(classes)))
#添加循环标识 1
index_1＝0
for class_type in classes：
    class1_name＝class_type
```

```
＃添加循环标识 2
index_2＝0
for class_type in classes：
    class2_name＝class_type
    ＃计算 class1_name 和 class2_name 两个类别之间的 J_M 距离
    m1＝ave_classes. get(class1_name) ＃ave_class1
    m2＝ave_classes. get(class2_name) ＃ave_class2
    R1＝cov_classes. get(class1_name) ＃cov_class1
    R2＝cov_classes. get(class2_name) ＃cov_class2
    R＝(R1＋R2)/2
    B_P1＝((m1－m2). T @ np. linalg. inv(R) @ (m1－m2))/8
    B_P2＝(np. log(np. linalg. det(R)/np. sqrt(np. linalg. det(R1) * np. linalg. det(R2))))/2
    B＝B_P1＋B_P2
    JM＝2 * (1－(np. e * * (－1 * B)))
    ＃将计算结果存储到列表中的相应位置
    JM_Data[index_1][index_2]＝JM
    index_2＝index_2＋1
index_1＝index_1＋1
```

将显示计算结果并输出为 csv 文件：

```
JM_file＝pd. DataFrame(columns＝classes，index＝classes，data＝JM_Data)
print(JM_file)
JM_file. to_csv('JM_file. csv'，encoding＝'gbk')
```

输出结果：

	bareland	forest	garlic	greenhouse	village	water	wheat
bareland	0. 0000	2. 0000	2. 0000	2. 0000	1. 9355	2. 0000	2. 0000
forest	2. 0000	0. 0000	2. 0000	2. 0000	2. 0000	2. 0000	2. 0000
garlic	2. 0000	2. 0000	0. 0000	2. 0000	2. 0000	2. 0000	2. 0000
greenhouse	2. 0000	2. 0000	2. 0000	0. 0000	1. 9970	2. 0000	2. 0000
village	1. 9355	2. 0000	2. 0000	1. 9970	0. 0000	2. 0000	2. 0000
water	2. 0000	2. 0000	2. 0000	2. 0000	2. 0000	0. 0000	2. 0000
wheat	2. 0000	2. 0000	2. 0000	2. 0000	2. 0000	2. 0000	0. 0000

第 5 章　基于半自动分类算法包冬小麦分布制图

5.1　半自动分类插件

半自动分类插件(Semi-Automatic Classification Plugin,SCP)是由 Luca Congdo 开发的免费开源的 QGIS 插件,可以实现遥感图像的半自动分类、分类后处理和精度评价等功能。该插件在土地覆盖遥感制图方面应用广泛,可以从 QGIS 官方插件库中获取,有详细的用户使用手册和教程(https://fromgistors.blogspot.com/)。

5.2　利用半自动分类插件进行冬小麦识别

本节以山东省济南市商河县为研究区,研究区地处山东省西北部,属于典型的温带大陆性气候,是山东省重要的冬小麦产地,春季作物种植结构复杂,最主要是冬小麦和大蒜。利用 SCP 进行冬小麦识别主要包括以下几个流程(图 5.1):(1)数据准备:基于 Sentinel-2 卫星影像数据,在 SCP 中设置为输入影像,按需求创建波段组合。(2)建立训练样本:基于野外调查样本,创建训练输入文件,绘制训练区域(ROI),并计算光谱特征。(3)评价训练样本:通过分析训练区域光谱特征、绘制波段间散点图和预览小区域内分类结果三个手段评价训练样本,优化完善训练样本。(4)利用最大似然分类算法,创建分类输出结果。

冬小麦提取后处理以及分类精度评价参见本书第 7 章。

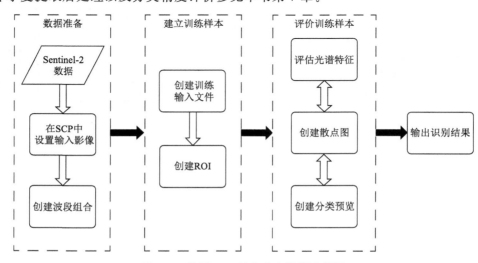

图 5.1　使用 SCP 的冬小麦识别流程图

5.2.1　数据

本次试验使用由哥白尼科学数据中心提供的 Sentinel-2 图像作为主要数据。

5.2.2　在 SCP 中设置输入图像

启动 QGIS。在 SCP 面板中,单击图像输入按钮 ▊▊ (图 5.2),以选择文件"样例影像 . tif"。选择后,"样例影像 . tif"设置为输入图像,图像显示在地图中,波段加载到波段集中。

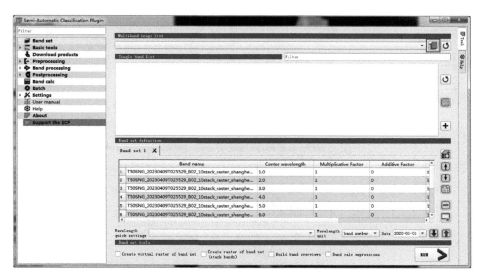

图 5.2　图像输入

显示波段的颜色合成:近红外、红色和绿色。在工作工具栏中,单击列表"RGB＝",选中 8-4-3 项(标准假彩色,对应波段集合中的波段编号),可以看到地图中的图像颜色,根据所选波段变化,植被以红色高亮显示(图 5.3)(如果选中 4-3-2 项,则显示真彩色(自然色))。

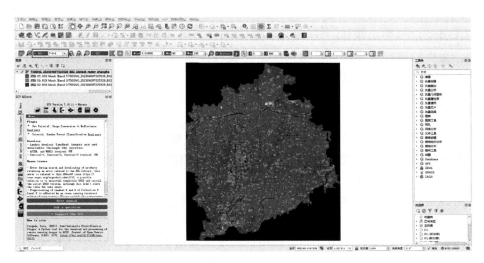

图 5.3　颜色合成 RGB＝8-4-3

5.2.3 创建波段组合

打开 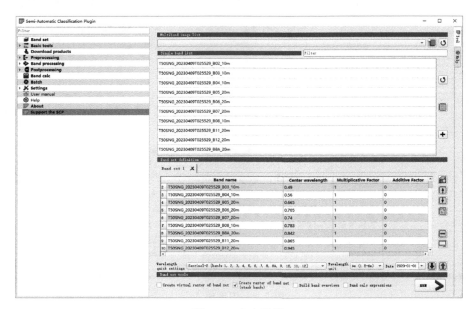 Band set 选项卡,点击 ⬛按钮,选择下载的 Sentinel-2 图像的波段。在 Band set 定义表中,按升序排列波段名称(单击 bc 自动按名称对波段进行排序),然后突出显示波段 8A (即在表中单击波段名称),并使用按钮 ⬆或 ⬇将该波段放在 8 号位置。最后,在快速波长设置列表中选择 Sentinel-2,以便自动设置每个波段的中心波长和波长单元(图 5.4)。

图 5.4 定义波段

5.2.4 创建训练输入文件

现在需要创建训练输入文件,以收集训练区域(ROI)并计算其光谱特征(用于分类)。

在 SCP dock 中,单击按钮 ⬜并定义名称(图 5.5)(例如商河县样本点 .scp),以创建训练输入文件。文件的路径显示在训练输入中。矢量将添加到与训练输入同名的 QGIS 图层(为了防止数据丢失,不应使用 QGIS 函数编辑此图层)。

5.2.5 创建 ROI

创建定义样本的 ROI。每个 ROI 通过 Class ID 识别土地覆盖类。本书中使用的 Class ID 代码如右表所示(现在将相同的代码分配给 Class ID 和 Macroclass ID)。

ROI 可以通过手动绘制多边形或使用自动区域生长算法(automatic region growing algorithm)来创建。

放大图像暗区(湖)上的地图。为了在暗区内手动创建 ROI,可单击工作工具栏中的按钮 ⬛(可以忽略未提供波长单位的信息)。在地

分类集

Class name	Class ID
水	1
建筑	2
冬小麦	3
土壤	4
其他植被	5

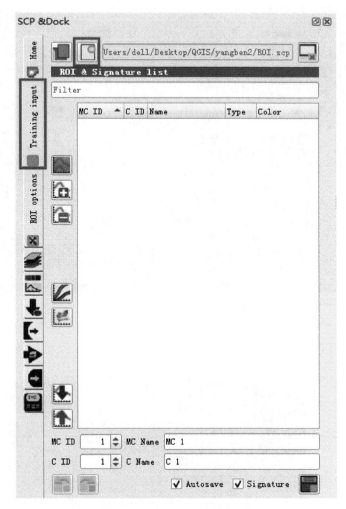

图 5.5　SCP 中定义训练输入

图上单击鼠标左键以定义 ROI 顶点,然后单击鼠标右键以定义闭合多边形的最后一个顶点。在图像上显示橙色半透明多边形,这是一个临时多边形(图 5.6)(即它不保存在培训输入文件中)。

　　提示:可以绘制临时多边形(前一个多边形将被覆盖),直到形状覆盖预期区域。

　　如果临时多边形的形状良好,可以将其保存到训练输入文件。

　　打开 Classification dock 定义 Classes 和 Macroclasses,在 ROI 创建中设置 MC ID=1 和 MC Name=Water;还设置 C ID=1 和 C Name=Lake。现在单击 ▣ 将 ROI 保存在训练输入文件中(图 5.7)。

　　几秒钟后,ROI 在 ROI Signature 列表中列出,并且计算光谱特征(因为 ☑ 选中了 Calculate sig.)。

　　可以看出,ROI 创建中的 C ID 自动增加 1。保存的 ROI 在图中显示为暗多边形,临时

图 5.6   手动创建的临时 ROI

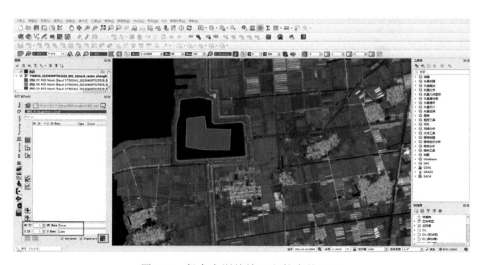

图 5.7   保存在训练输入文件中的 ROI

ROI 被删除。此外,在 ROI 特征列表中,可以注意到 Type 为 B,这意味着 ROI 光谱特征已计算并保存在训练输入文件中。

现在,将使用自动区域增长算法为构建类创建第二个 ROI。放大图像左上角区域的蓝色区域。在工作工具栏中将 Distvalue 设置为 0.08。单击工作工具栏中的按钮 ➕,然后单击地图的蓝色区域。几分钟后,橙色半透明多边形显示在图像上(图 5.8、图 5.9)。

提示:Distvalue 应根据像元值的范围进行设置;通常,增加该值会产生更大的 ROI。

在 ROI 创建设置中,创建建筑类别需要设置 MC ID=2 且 MC Name=Buildings;设置 C ID=2(应该已经设置)和 C Name=Buildings,点击保存。

图 5.8　使用自动区域生长算法创建的临时 ROI

同样,ROI 创建中的 C ID 自动增加 1。按照前面描述的相同步骤,为冬小麦类(图 5.9)和裸土类(图 5.10)创建 ROI。

以下示例显示了陆地卫星图像的几种 RGB 颜色合成(图 5.11—图 5.17)。

图 5.9　冬小麦:颜色合成 RGB＝8-4-3 中的红色像元(见彩图)

图 5.10　土壤:颜色合成 RGB＝8-4-3 中的绿色像元(见彩图)

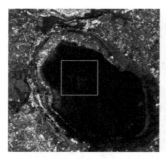 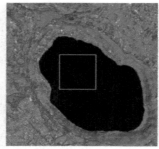 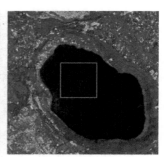

RGB=4-3-2　　　　　　RGB=4-8-11　　　　　　RGB=8-4-3

图 5.11　水 ROI:湖泊

RGB=4-3-2　　　　　　RGB=4-8-11　　　　　　RGB=8-4-3

图 5.12　建筑 ROI:大型建筑

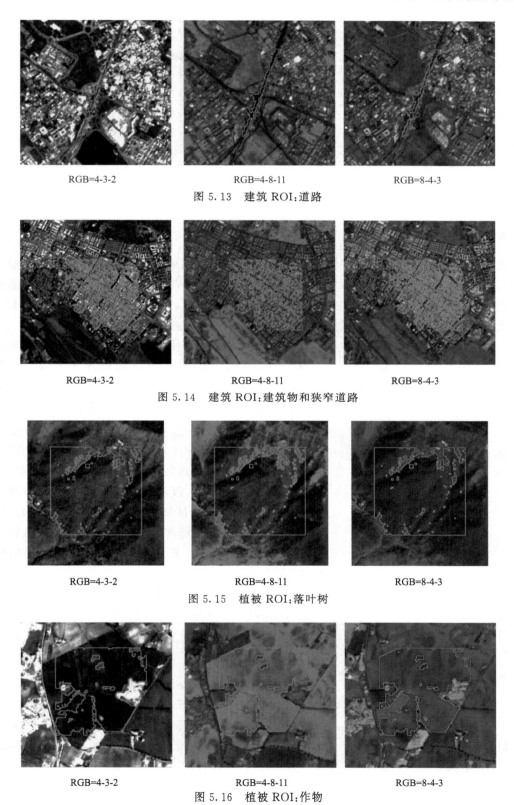

RGB=4-3-2　　　　　　　RGB=4-8-11　　　　　　　RGB=8-4-3

图 5.13　建筑 ROI：道路

RGB=4-3-2　　　　　　　RGB=4-8-11　　　　　　　RGB=8-4-3

图 5.14　建筑 ROI：建筑物和狭窄道路

RGB=4-3-2　　　　　　　RGB=4-8-11　　　　　　　RGB=8-4-3

图 5.15　植被 ROI：落叶树

RGB=4-3-2　　　　　　　RGB=4-8-11　　　　　　　RGB=8-4-3

图 5.16　植被 ROI：作物

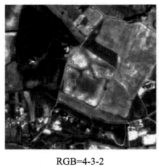  

RGB=4-3-2　　　　　　　　　RGB=4-8-11　　　　　　　　　RGB=8-4-3

图 5.17　土壤 ROI:荒地

5.2.6　评估光谱特征

光谱特征在分类算法中用于标记图像像元。不同的土地覆盖可能具有相似的光谱特征(特别是考虑到多光谱图像),例如建筑和土壤。如果用于分类的光谱特征太相似,则可能会对像元进行错误分类,因为算法无法正确区分这些特征。因此,评估光谱距离以找到必须删除的相似光谱特征,距离的概念当然会根据用于分类的算法而有所不同。

图 5.18　打开光谱特征图

可以通过显示特征图来简单地评估光谱特征相似性。为了显示特征图,在 SCP 面板的 ROI 特征列表中突出显示两个或多个光谱特征(在表格中单击),然后单击按钮(图 5.18)。光谱特征图将显示在新窗口中。在图中移动和缩放,以查看特征是否相似(即非常接近)。可以在图 5.19 中看到不同土地覆盖的光谱特征图。在图中,可以看到每个特征的线(具有在 ROI 特征列表中定义的颜色),以及每个频带的光谱范围(最小值和最大值,即半透明区域的颜色类似于特征线)。特征的半透明区域越大,标准偏差越高,因此,组成该特征的像元的异质性越高。光谱特征值显示在特征详细信息中(图 5.20)。

此外,还可以计算特征的光谱距离(更多信息参见光谱距离)。点击图形特征列表中的两个或多个光谱特征,然后点击按钮,将计算每对特征的距离。现在打开"光谱距离"选项卡,可以注意到特征之间的相似性根据所考虑的算法而有所不同(图 5.21)。

例如,两个特征可以是非常相似的光谱角映射(非常低的光谱角),但是对于最大似然(Jeffries-Matusita距离值接近 2)却相当遥远。特征的相似性受到土地覆盖相似性(相对于输入图像中可用的光谱带数)的影响,同时,创建感兴趣区域的方式也影响其特征。

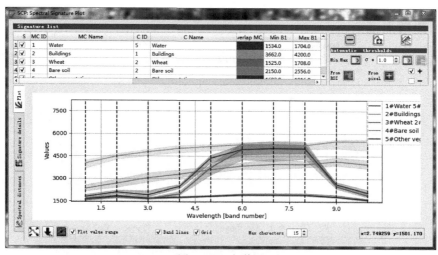

图 5.19　光谱图

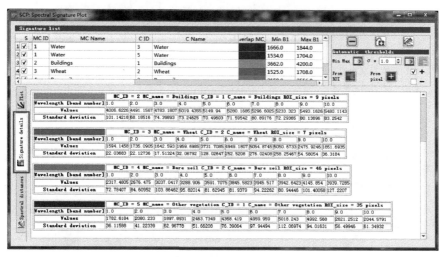

图 5.20　光谱特征值

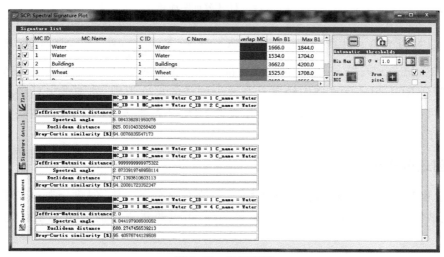

图 5.21　光谱距离

135

5.2.7 创建散点图

使用散点图对两个波段之间的 ROI 可分离性进行评估。在 SCP 面板中勾选样本后打开散点图窗口(图 5.22)。

图 5.22　打开散点图面板

将 Band X 设为第 3 波段,Band Y 设为第 5 波段,点击 ![箭头] 进行散点图计算,可以看到样本 ROI 中"Buildings"与"Bare soil"两个类有部分散点位置相近(图 5.23),需要修改删除这两个类中的部分 ROI,但实际操作中经常只需要一种类的精确识别,如本书中只是为了精确识别冬小麦,可以看到"Wheat"的散点与其他类的 ROI 分离度很好,所以无需调整"Buildings"与"Bare soil"的 ROI。

5.2.8 创建分类预览

分类过程基于收集的 ROI(及其光谱特征)。在最终分类之前,创建分类预览顺序以评估结果(受光谱特征影响)是有用的。如果结果不好,可以收集更多的 ROI 以更好地分类土地覆盖。

在运行分类(或预览)之前,设置将在分类栅格中显示的土地覆盖类的颜色。在 ROI 特征列表中,双击每个 ROI 的颜色(在颜色列中)以选择每个类的代表颜色(图 5.24)。

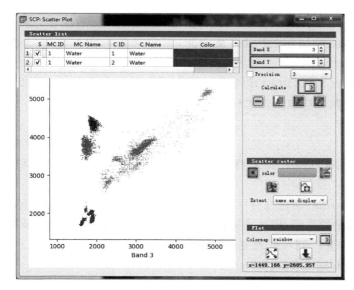

图 5.23　散点图

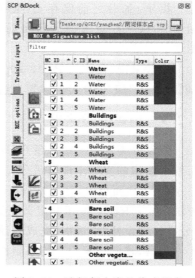

图 5.24　选择每个类的代表颜色

现在需要选择分类算法。在本书中,将选择最大似然分类算法(Maximum Likelihood)。在分类算法中选择最大似然分类算法(Maximum Likelihood)。

在分类预览中设置大小＝500;单击按钮 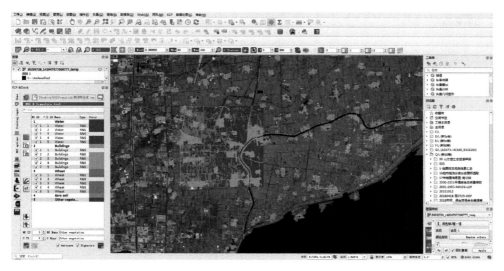,然后左键单击地图中图像的一个点。分类过程应该是快速的,并且结果是以点击点为中心的分类正方形(图 5.25)。

图 5.25　分类预览

分类预览显示在图像上。预览是放置在 QGIS 面板"图层"中名为 Class_temp_group-Class_temp_groupClass_temp_groupClass_temp_group 组中的临时栅格（在关闭 QGIS 后删除）。

提示：加载之前保存 QGIS 项目时，可能会出现一条消息，要求处理丢失的图层，这些图层是 SCP 在每次会话期间创建的临时图层，之后将被删除；可以单击取消并忽略这些图层。

一般来说，每次将 ROI（或光谱特征）添加到 ROI 特征列表时，最好执行分类预览。因此，"创建 ROI"和"创建分类预览"这两个阶段应该是迭代和并发的过程。

5.2.9 创建分类输出

假设分类预览的结果良好（即像元被分配到 ROI 特征列表中定义的正确类别），就可以执行整个图像的实际土地覆盖分类。

在 SCP 面板中，打开"Band processing"面板选择"Classification"选项，选择最大似然分类方法，单击"RUN"按钮并定义分类输出的路径，即冬小麦识别结果的栅格文件（.tif）。如果在"分类处理设置"中选中"完成时播放声音"，则在处理完成时播放声音（图 5.26、图 5.27）。

最后，将冬小麦识别结果制作出图（图 5.28）。

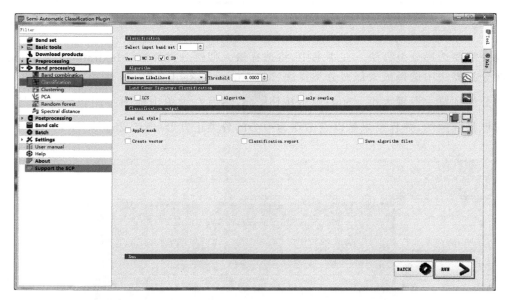

图 5.26　输出分类结果

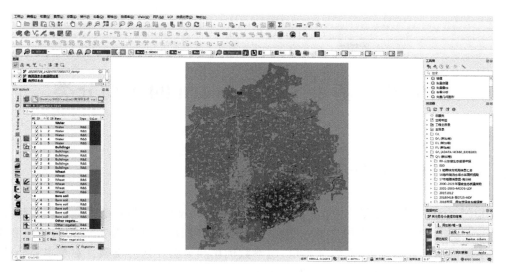

图 5.27　土地覆盖分类结果

商河县冬小麦识别结果

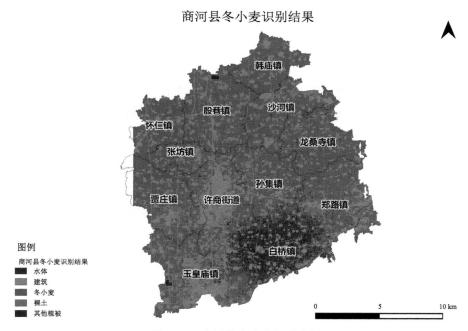

图例

商河县冬小麦识别结果
- 水体
- 建筑
- 冬小麦
- 裸土
- 其他植被

图 5.28　商河县冬小麦识别出图

第 6 章　基于 Scikit-Learn 的作物分类

6.1　Scikit-Learn 简介

  Scikit-Learn 类库是基于 Python 类库 Numpy 和 Scipy 构建,是目前最受欢迎的机器学习类库之一。Scikit-Learn 类库包含了一些流行的机器学习算法,包括分类、回归、降维和聚类,同时它还提供用于数据预处理、特征提取、超参数优化和模型评估的模型。本章主要介绍如何基于 Scikit-Learn 类库对研究区作物进行分类。

6.2　基于高斯朴素贝叶斯算法的作物分类

6.2.1　高斯朴素贝叶斯算法原理

  朴素贝叶斯分类是一种基于贝叶斯定理的监督学习算法,该算法假设特征条件之间相互独立,根据训练数据学习从输入到输出的概率密度函数,再利用学习到的模型对新的数据进行分类。

  若分类变量 y 由特征向量 $\boldsymbol{x}_1,\cdots,\boldsymbol{x}_n$ 决定,则类别 y 的后验概率,即特征向量 $\boldsymbol{x}_1,\cdots,\boldsymbol{x}_n$ 属于 y 类的概率为:

$$P(y\,|\,\boldsymbol{x}_1,\cdots,\boldsymbol{x}_n)=\frac{P(y)P(\boldsymbol{x}_1,\cdots,\boldsymbol{x}_n\,|\,y)}{P(\boldsymbol{x}_1,\cdots,\boldsymbol{x}_n)} \tag{6.1}$$

式中,$P(y)$ 表示类别 y 的先验概率,$P(\boldsymbol{x}_1,\cdots,\boldsymbol{x}_n\,|\,y)$ 表示似然函数,即特征向量 $\boldsymbol{x}_1,\cdots,\boldsymbol{x}_n$ 在类别 y 下的条件概率,$P(\boldsymbol{x}_1,\cdots,\boldsymbol{x}_n)$ 表示证据因子,对于给定的特征该值为固定值,且与类别 y 无关。

  朴素贝叶斯分类假设特征条件之间相互独立,则:

$$P(\boldsymbol{x}_i\,|\,y,\boldsymbol{x}_1,\cdots,\boldsymbol{x}_{i-1},\boldsymbol{x}_{i+1},\cdots,\boldsymbol{x}_n)=P(\boldsymbol{x}_i\,|\,y) \tag{6.2}$$

则类别 y 的后验概率公式可以改写为:

$$P(y\,|\,\boldsymbol{x}_1,\cdots,\boldsymbol{x}_n)=\frac{P(y)\prod_{i=1}^{n}P(\boldsymbol{x}_i\,|\,y)}{P(\boldsymbol{x}_1,\cdots,\boldsymbol{x}_n)} \tag{6.3}$$

式中,$\prod_{i=1}^{n}P(\boldsymbol{x}_i\,|\,y)$ 表示 n 个特征变量在类别 y 下的条件概率的连乘。

  公式(6.3)为朴素贝叶斯分类器的表达式,高斯朴素贝叶斯算法是假设特征分布为高斯分布,则特征变量 $\boldsymbol{x}_i$ 在类别 y 下的条件概率为:

$$P(\boldsymbol{x}_i\,|\,y)=\frac{1}{\sqrt{2\pi\sigma_y^2}}\exp\left[-\frac{(\boldsymbol{x}_i-\mu_y)^2}{2\sigma_y^2}\right] \tag{6.4}$$

μ_y 为特征的均值,σ_y 为特征的协方差,这两个参数采用最大似然法估计。

6.2.2　代码实现

　　这部分所用的影像数据与样本数据与 4.6 节中数据相同,可以通过读取 shpfile 样本文件和影像值提取至点所生成的 csv 文件两种方式来获取样本数据,并基于样本数据训练分类模型,具体实现如下:

　　(1)基于 shpfile 样本文件建立训练分类模型

　　①读取数据

　　导入库:

```
import rasterio
import rioxarray
import numpy as np
import xarray as xr
import pandas as pd
import geopandas as gpd
from osgeo import gdal
from shapely. geometry import mapping
```

　　读取需要分类的 GF-1 栅格数据:

```
Data=xr. open_rasterio("F:/PythonCode/data/GF1_WFV1_20220411_rpcortho_临沂_兰陵. tif")
```

　　读取 shpfile 样本数据文件:

```
rois=gpd. read_file("F:/PythonCode/data/sample. shp")
Ids=np. array(rois. Id)
nodata=list(Data. nodatavals)
#1. 构建训练数据
trainX=list()
trainY=list()
Class=list()
#2. 循环标识
index=0
#3. 循环读取每个 roi 中的数据并存储到训练数据中
for Id in Ids:
    #该循环对应的 Id 和 roi 数据
print('读取第',index,'个样本')
    Id_num=rois. Id[index]
    Class_name=rois. class_name[index]
    roi=gpd. GeoSeries(rois. geometry[index])
    index=index+1
    #该循环对应的 roi 裁剪栅格数据
```

```
Data_clip＝Data. rio. clip(roi. geometry. apply(mapping)，rois. crs)
trainX_data＝np. array(Data_clip. data)
band,length,width＝trainX_data. shape
# 将数据存入训练数据中
for i in range(length)：
    for j in range(width)：
        tem＝trainX_data[:,i,j]. tolist()
        if tem＝＝nodata：
            continue
        else：
            trainX. append(tem)
            trainY. append(int(Id_num))
            Class. append(Class_name)
print('训练样本读取完成')
```

②绘制训练样本数据特征

导入库：

```
import matplotlib. pyplot as plt
```

计算训练样本数据特征：

```
# 1. 将训练数据和分类类别转为数组,方便后续数据运算
trainX_arr＝np. array(trainX)
Class_arr＝np. array(Class)
# 2. 绘图准备
plt. figure(figsize＝[8,10])
length_trainX,band_num＝trainX_arr. shape
band_count＝np. arange(1,band_num＋1)
# 3. 获取分类类别并逐类别运算各波段均值并进行绘图
classes＝np. unique(Class_arr)
forclass_type in classes：
    band_intensity＝np. mean(trainX_arr[Class_arr＝＝class_type，:], axis＝0)
    plt. plot(band_count,band_intensity, label＝class_type)
```

绘图：

```
plt. xticks(np. arange(1, band_num＋1, step＝1))
plt. xlabel('Band')
plt. ylabel('Reflectance Value')
plt. legend(loc＝"upper right")
plt. title('Band Intensities Full Overview')
plt. show
```

结果(图 6.1)。

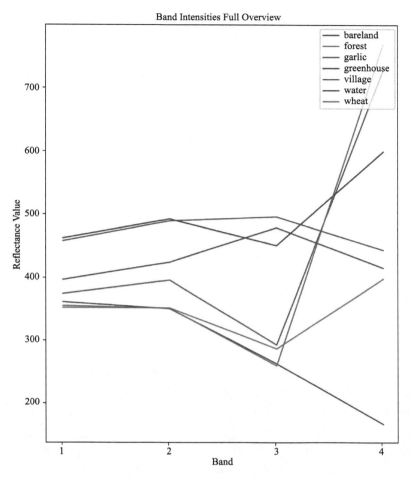

图 6.1　系统输出结果(见彩图)

③基于训练样本数据构建分类器

导入库：

```
from sklearn. naive_bayes import GaussianNB
from rasterio. plot import reshape_as_raster，reshape_as_image
```

构建训练模型：

```
clf＝GaussianNB()
clf. fit(trainX，trainY)
```

④利用训练模型进行分类

```
♯1. 裁剪部分数据用来分类测试
img_data_test＝np. array(Data. data)[:,1700:2100,1600:1900]
♯2. 对数据结构进行重构以便于分类
reshaped_img＝reshape_as_image(img_data_test)
```

```
#3. 对数据进行分类
class_prediction＝clf. predict(reshaped_img. reshape(-1，band_num))
#4. 对分类数据进行重构便于输出和显示
class_prediction＝class_prediction. reshape(reshaped_img[:，:，0]. shape)
#5. 定义一个颜色拉伸函数
defcolor_stretch(image，index)：
    colors＝image[:，:，index]. astype(np. float64)
    for b in range(colors. shape[2])：
        colors[:，:，b]＝rasterio. plot. adjust_band(colors[:，:，b])
    return colors
#6. 输出原始数据和分类结果
fig，axs＝plt. subplots(1,2,figsize＝(10,7))
img_stretched＝color_stretch(reshaped_img，[3，2，1])
axs[0]. imshow(img_stretched)
axs[1]. imshow(class_prediction)
fig. show()
```

结果(图 6.2)。

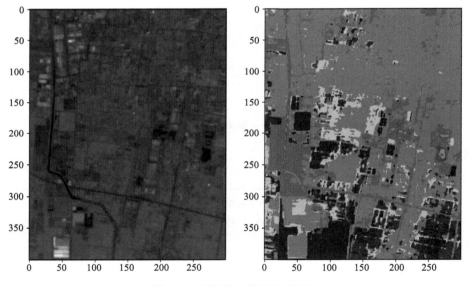

图 6.2　系统输出结果(见彩图)

(2)基于 csv 样本文件建立训练分类模型

①读取样本数据

导入库：

```
import csv
```

读取数据：

```
♯1. 构建样本数据
sampleX＝list()
sampleY＝list()
Class＝list()
♯2. 读取样本数据 csv 文件中的数据(csv 文件中第 1 列为标签值,第 2 列为类别,3～
6 列为影像波段数据)
filename＝'F:/PythonCode/sklearn_class/data/sample_data. csv'
with open(filename,'r',encoding＝'utf-8-sig') as csvfile:
    reader＝csv. reader(csvfile)
    next(reader)♯跳过第一行
    for row in reader:
        sampleY. append(int(row[0]))
        Class. append(row[1])
        str_sampleX＝row[2:6]
        int_sampleX＝[int(X) for X in str_sampleX]
        sampleX. append(int_sampleX)
```

②拆分样本数据集

导入库:

```
from sklearn. model_selection import train_test_split
```

将数据拆分为 85％的训练数据和 15％的验证数据:

```
train_x, test_x, train_y, test_y＝train_test_split (sampleX, sampleY, test_size＝
0. 15, random_state＝0)
```

③基于训练样本数据构建训练模型

导入库:

```
from sklearn. naive_bayes import GaussianNB
from sklearn. model_selection import cross_val_score
```

构建训练模型:

```
clf＝GaussianNB()
clf. fit(train_x, train_y)
```

对模型的分类精度进行评价:

```
scores1＝cross_val_score(clf,train_x, train_y,cv＝5,scoring＝'accuracy')
print('训练数据集上的精确度为:%0. 4f'%scores1. mean())
scores2＝cross_val_score(clf,test_x, test_y,cv＝2,scoring＝'accuracy')
print('测试数据集上的精确度为:%0. 4f'%scores2. mean())
```

输出结果:

训练数据集上的精确度为：0.9236

测试数据集上的精确度为：0.8000

④保存训练模型

导入库：

```
import joblib
```

保存训练模型：

```
joblib. dump(clf，'GaussianNB. pkl')
```

⑤利用训练模型进行分类

导入库：

```
import xarray as xr
import numpy as np
import rasterio
import matplotlib. pyplot as plt
from rasterio. plot import reshape_as_raster，reshape_as_image
```

读取需要分类的 GF-1 栅格数据：

```
Data＝xr. open_rasterio("F:/PythonCode/data/GF1_WFV1_20220411_rpcortho_临
沂_兰陵. tif")
```

加载训练模型：

```
clf_GaussianNB＝joblib. load('GaussianNB. pkl')
```

利用模型对遥感数据进行分类：

```
#1. 裁剪部分数据用来分类测试
img_data_test＝np. array(Data. data)[:,1600:2000,1700:2000]
#2. 对数据结构进行重构以便于分类
reshaped_img＝reshape_as_image(img_data_test)
#3. 对数据进行分类
length_sampleX,band_num＝np. array(sampleX). shape
class_prediction＝clf_GaussianNB. predict(reshaped_img. reshape(-1，band_num))
#4. 对分类数据进行重构便于输出和显示
class_prediction＝class_prediction. reshape(reshaped_img[:，:，0]. shape)
#5. 定义一个颜色拉伸函数
defcolor_stretch(image，index):
    colors＝image[:，:，index]. astype(np. float64)
    for b in range(colors. shape[2]):
        colors[:，:，b]＝rasterio. plot. adjust_band(colors[:，:，b])
    return colors
```

```
#6. 输出原始数据和分类结果
fig,axs=plt. subplots(1,2,figsize=(10,7))
img_stretched=color_stretch(reshaped_img, [3, 2, 1])
axs[0]. imshow(img_stretched)
axs[1]. imshow(class_prediction)
fig. show()
```

结果(图 6.3)。

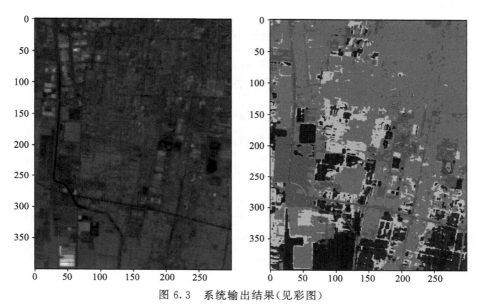

图 6.3　系统输出结果(见彩图)

6.3　基于支持向量机的作物分类

6.3.1　支持向量机算法原理

支持向量机(Support Vector Machine,SVM)是 Cortes 和 Vapnik 于 1995 年首先提出的,是一种用于分类、回归分析和异常值检测的监督学习方法。

给定一个大小为 n 有两种类别的训练样本集 $\{(x_i,y_i),i=1,2,\cdots,n\}$,其中 $x_i \in R^d$,$y_i \in \{+1,-1\}$。SVM 的主要思想是建立一个超平面作为决策曲面,使得正例和反例两种类别之间的隔离边缘最大化。

对于训练样本集线性可分情况(图 6.4),存在分类超平面:

$$\omega \cdot x + b = 0 \tag{6.5}$$

使得:

$$\begin{cases} \omega \cdot x_i + b \geqslant 1, & y_i=1 \\ \omega \cdot x_i + b \leqslant -1, & y_i=-1 \end{cases} i=1,2,\cdots,n \tag{6.6}$$

公式(6.6)可以改写为:

$$y_i(\omega \cdot x_i + b) \geqslant 1, i = 1, 2, \cdots, n \tag{6.7}$$

其中，$\omega \cdot x_i$ 表示向量 $\omega \in R^d$ 与 $x \in R^d$ 的内积。如果分类超平面可以把训练样本集正确分开，并且距超平面最近的样本数据（即支持向量）与超平面之间的距离最大，则该超平面为最优超平面，由此得到最优的决策函数：

$$f(x) = \mathrm{sign}(\omega \cdot x + b) \tag{6.8}$$

其中，$\mathrm{sign}(\cdot)$ 为符号函数。最优超平面的求解需要最大化 $\dfrac{2}{\|\omega\|}$，即最小化 $\dfrac{\|\omega\|^2}{2}$，即如下的二次规划问题：

$$\min_{\omega,b} \frac{\|\omega\|^2}{2}$$
$$\mathrm{s.t.}\ y_i(\omega \cdot x_i + b) \geqslant 1, i = 1, 2, \cdots, n \tag{6.9}$$

式中，s.t. 表示约束条件。采用拉格朗日乘子法对公式（6.9）进行求解：

$$J(\omega, b, \alpha) = \frac{\|\omega\|^2}{2} - \sum_{i=1}^{n} \alpha_i [y_i(\omega \cdot x_i + b) - 1] \tag{6.10}$$

其中，α_i 为拉格朗日乘子，$\alpha_i \geqslant 0$，对 ω、b 分别求偏导并令其等于 0，即：

$$\frac{\partial J}{\partial \omega} = 0 \Leftrightarrow \omega = \sum_{i=1}^{n} \alpha_i y_i x_i \tag{6.11}$$

$$\frac{\partial J}{\partial b} = 0 \Leftrightarrow \sum_{i=1}^{n} \alpha_i y_i = 0 \tag{6.12}$$

将公式（6.11）和公式（6.12）代入公式（6.10），最终可以得到原问题的对偶问题：

$$\min_{\alpha} Q(\alpha) = \frac{1}{2} \sum_{i=1}^{n} \sum_{j=1}^{n} \alpha_i \alpha_j y_i y_j (x_i \cdot x_j) - \sum_{i=1}^{n} \alpha_i \tag{6.13}$$
$$\mathrm{s.t.}\ \sum_{i=1}^{n} \alpha_i y_i = 0, \alpha_i \geqslant 0$$

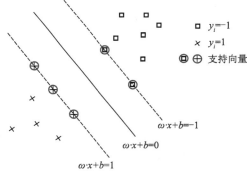

图 6.4　最优分类超平面

而当训练样本集线性不可分时，需引入非负松弛变量 $\xi_i(i = 1, 2, \cdots, n)$，分类超平面的最优化问题为：

$$\min_{\omega, b, \xi_i} \frac{\omega^T \omega}{2} + C \sum_{i=1}^{n} \xi_i$$
$$\mathrm{s.t.}\ y_i(\omega^T \cdot x_i + b) \geqslant 1 - \xi_i, \xi_i \geqslant 0, i = 1, 2, \cdots, n \tag{6.14}$$

其中,C 为惩罚参数,C 越大,表示对错误分类的惩罚越大。

采用拉格朗日乘子法对公式(6.14)进行求解,最终得到:

$$\min_{\alpha} Q(\alpha) = \frac{1}{2} \sum_{i=1}^{n} \sum_{j=1}^{n} \alpha_i \alpha_j y_i y_j (x_i \cdot x_j) - \sum_{i=1}^{n} \alpha_i$$

$$\text{s. t.} \sum_{i=1}^{n} \alpha_i y_i = 0, 0 \leqslant \alpha_i \leqslant C$$

(6.15)

若训练样本集非线性可分,可以引入一个非线性映射 $\varphi: x_i \rightarrow \varphi(x_i)$ 将训练样本数据映射到高维特征空间中,使之在这个高维空间中线性可分,但是由于没有数据的先验知识,这个非线性映射是很难知道的。SVM 的一个很重要的特点就是引入了一个核函数 $K(x_i, x)$ 来代替高维空间中的内积,将样本点从低维空间映射到高维空间中(图 6.5),使其转换为高维线性可分问题,然后在高维空间中寻找线性最优分离超平面。引入核函数后,最优的决策函数为:

$$f(x) = \text{sign}[\omega \cdot \varphi(x) + b]$$

(6.16)

公式(6.13)则可以表示为:

$$\min_{\alpha} Q(\alpha) = \frac{1}{2} \sum_{i=1}^{n} \sum_{j=1}^{n} \alpha_i \alpha_j y_i y_j K(x_i \cdot x_j) - \sum_{i=1}^{n} \alpha_i$$

$$\text{s. t.} \sum_{i=1}^{n} \alpha_i y_i = 0, \alpha_i \geqslant 0$$

(6.17)

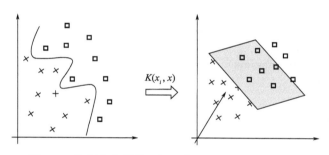

图 6.5　数据集从低维空间至高维空间核变换示意图

常用的核函数如下。

(1)线性核函数:

$$K(x_i, x) = (x_i \cdot x)$$

(6.18)

(2)多项式核函数:

$$K(x_i, x_j) = (\gamma x_i \cdot x_j + b)^d, d = 1, 2, \cdots, n$$

(6.19)

(3)径向基核函数:

$$K(x_i, x_j) = \exp(-\gamma \|x_i - x_j\|^2)$$

(6.20)

(4)Sigmoid 核函数:

$$K(x_i, x_j) = \tanh[\gamma(x_i \cdot x_j) + b]$$

(6.21)

6.3.2　代码实现

这部分所用的影像数据与样本数据与 4.6 节中数据相同,通过读取 shpfile 样本文件和影像值提取到点所生成的 csv 文件两种方式来获取样本数据,并基于样本数据训练分类模型,具体实现如下。

（1）基于 shpfile 样本文件建立训练分类模型

①读取数据

导入库：

```
import rasterio
import rioxarray
import numpy as np
import xarray as xr
import pandas as pd
import geopandas as gpd
from osgeo import gdal
from shapely. geometry import mapping
```

读取需要分类的 GF-1 栅格数据：

```
Data＝xr. open_rasterio("F:/PythonCode/data/GF1_WFV1_20220411_rpcortho_临
沂_兰陵 . tif")
```

读取绘制的样本数据：

```
rois＝gpd. read_file("F:/PythonCode/data/sample. shp")
Ids＝np. array(rois. Id)
nodata＝list(Data. nodatavals)
#1. 构建训练数据
trainX＝list()
trainY＝list()
Class＝list()
#2. 循环标识
index＝0
#3. 循环读取每个 roi 中的数据并存储到训练数据文件中
for Id in Ids：
    #该循环对应的 Id 和 roi 数据
    print('读取第',index,' 个样本')
    Id_num＝rois. Id[index]
    Class_name＝rois. class_name[index]
    roi＝gpd. GeoSeries(rois. geometry[index])
    index＝index＋1
    #该循环对应的 roi 裁剪栅格数据
    Data_clip＝Data. rio. clip(roi. geometry. apply(mapping)，rois. crs)
    trainX_data＝np. array(Data_clip. data)
    band,length,width＝trainX_data. shape
    #将数据存入训练数据文件中
    for i in range(length)：
        for j in range(width)：
```

```
                    tem=trainX_data[:,i,j]. tolist()
                    if tem==nodata：
                         continue
                    else：
                         trainX. append(tem)
                         trainY. append(int(Id_num))
                         Class. append(Class_name)
print('训练样本读取完成')
```

②绘制训练样本数据特征

导入库：

```
import matplotlib. pyplot as plt
```

计算训练样本数据特征：

```
♯1. 将训练数据和分类类别转为数组方便后续数据运算
trainX_arr=np. array(trainX)
Class_arr=np. array(Class)
♯2. 绘图准备
plt. figure(figsize=[8,10])
length_trainX,band_num=trainX_arr. shape
band_count=np. arange(1,band_num+1)
♯3. 获取分类类别并逐类别运算各波段均值并进行绘图
classes=np. unique(Class_arr)
for class_type in classes：
band_intensity=np. mean(trainX_arr[Class_arr==class_type, :], axis=0)
    plt. plot(band_count,band_intensity, label=class_type)
```

绘图：

```
plt. xticks(np. arange(1, band_num+1, step=1))
plt. xlabel('Band')
plt. ylabel('Reflectance Value')
plt. legend(loc="upper right")
plt. title('Band Intensities Full Overview')
plt. show
```

结果如图 6.6。

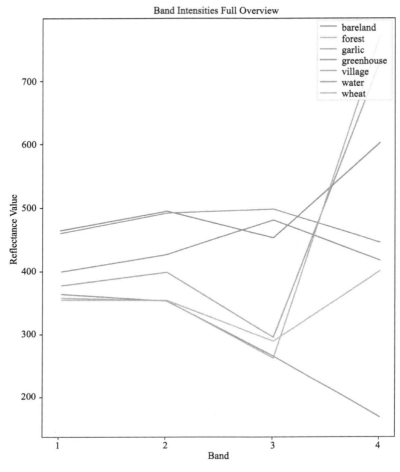

图 6.6　系统输出结果（见彩图）

③对样本数据标准化

导入库：

```
from sklearn.preprocessing import StandardScaler
```

对样本数据标准化：

```
std＝StandardScaler()
trainX_std＝std.fit_transform(trainX)
```

④采用网格搜索和交叉验证的方法挑选出最合适的参数

导入库：

```
from sklearn.svm import SVC
from sklearn.model_selection import train_test_split
from sklearn.model_selection import GridSearchCV
```

参数筛选：

```
♯1. 构建分类器,核函数选择径向基核函数
clf=SVC(kernel='rbf')
♯2. 构建调节参数(C:2**-5~2**15;gamma:2**-15~2**3)
C=[]
for i in range(-5,16,1):
    C. append(2**i)
gamma=[]
for i in range(-15,4,1):
  gamma. append(2**i)
params={
    'C': C,
    'gamma': gamma
}
♯3. 用网格搜索方式拟合模型
model=GridSearchCV(clf, param_grid=params, scoring='f1_macro',cv=5)
model. fit(trainX_std, trainY)
♯4. 查看结果
print('最好的参数组合:', model. best_params_)
print('最好的 score():%0. 4f'%model. best_score_)
```

输出结果：

最好的参数组合：{'C': 2, 'gamma': 0. 125}

最好的 score()：1. 0000

⑤构建分类器

基于筛选的最优参数构建分类器：

```
clf=SVC(kernel='rbf',C=2,gamma=0. 125)
clf. fit(trainX_std, trainY)
```

⑥利用构建的分类器进行分类

```
♯1. 裁剪部分数据用来训练测试
img_data_test=np. array(Data. data)[:,1600:2000,1700:2000]
♯2. 对数据结构进行重构以便于分类
reshaped_img_p1=reshape_as_image(img_data_test)
reshaped_img_p2=reshaped_img_p1. reshape(-1,band_num)
♯3. 对数据进行归一化
std_class=StandardScaler()
reshaped_img_std=std_class. fit_transform(reshaped_img_p2)
♯4. 对数据进行分类
class_prediction=clf. predict(reshaped_img_std)
♯5. 对分类数据进行重构便于输出和显示
class_prediction=class_prediction. reshape(reshaped_img_p1[:, :, 0]. shape)
♯6. 定义一个颜色拉伸函数
```

```
def color_stretch(image, index):
    colors=image[:, :, index]. astype(np. float64)
    for b in range(colors. shape[2]):
        colors[:, :, b]=rasterio. plot. adjust_band(colors[:, :, b])
    return colors
#7. 输出原始数据和分类结果
fig,axs=plt. subplots(1,2,figsize=(10,7))
img_stretched=color_stretch(reshaped_img_p1,[3, 2, 1])
axs[0]. imshow(img_stretched)
axs[1]. imshow(class_prediction)
fig. show()
```

结果如图 6.7。

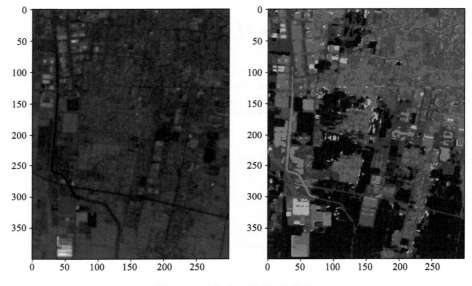

图 6.7 系统输出结果(见彩图)

(2)基于 csv 样本文件建立训练分类模型

①读取样本数据

导入库:

```
import csv
```

读取数据:

```
#1. 构建样本数据
sampleX=list()
sampleY=list()
Class=list()
#2. 读取样本数据 csv 文件中的数据(csv 文件中第 1 列为标签值,第 2 列为类别,3~
6 列为影像波段数据)
```

```
filename='F:/PythonCode/sklearn_class/data/sample_data.csv'
with open(filename,'r',encoding='utf-8-sig') as csvfile:
    reader=csv.reader(csvfile)
    next(reader) #跳过第一行
    for row in reader:
        sampleY.append(int(row[0]))
        Class.append(row[1])
        str_sampleX=row[2:6]
        int_sampleX=[int(X) for X in str_sampleX]
        sampleX.append(int_sampleX)
```

②对样本数据标准化

导入库：

```
from sklearn.preprocessing import StandardScaler
```

对数据进行标准化处理：

```
std=StandardScaler()
sampleX_std=std.fit_transform(sampleX)
```

③拆分样本数据集

导入库：

```
from sklearn.model_selection import train_test_split
```

将数据拆分为 85%的训练数据和 15%的验证数据：

```
train_x, test_x, train_y, test_y=train_test_split(sampleX_std, sampleY, test_size
=0.15, random_state=0)
```

④采用网格搜索和交叉验证的方法挑选出最合适的参数

导入库：

```
from sklearn.svm import SVC
from sklearn.model_selection import train_test_split
from sklearn.model_selection import GridSearchCV
```

参数筛选：

```
#1.构建分类器,核函数选择径向基核函数
clf=SVC(kernel='rbf')
#2.构建调节参数(C:2**-5~2**15;gamma:2**-15~2**3)
C=[]
for i in range(-5,16,1):
    C.append(2**i)
gamma=[]
```

```
for i in range(-15,4,1):
    gamma. append(2 * * i)
params={
    'C': C,
    'gamma': gamma
}
#3. 用网格搜索方式拟合模型
model=GridSearchCV(clf, param_grid=params, scoring='f1_macro',cv=5)
model. fit(train_x, train_y)
#4. 查看结果
print('最好的参数组合:', model. best_params_)
print('最好的 score():%0. 4f'%model. best_score_)
```

输出结果:

最好的参数组合:{'C': 4, 'gamma': 0. 125}

最好的 score():0. 9657

⑤构建训练模型

基于筛选的最优参数分类模型。

导入库:

```
from sklearn. model_selection import cross_val_score
```

构建训练模型:

```
clf=SVC(kernel='rbf',C=4,gamma=0. 125)
clf. fit(train_x, train_y)
```

对模型的分类精度进行评价:

```
scores1=cross_val_score(clf,train_x, train_y,cv=5,scoring='accuracy')
print('训练数据集上的精确度为:%0. 4f'%scores1. mean())
scores2=cross_val_score(clf,test_x, test_y,cv=2,scoring='accuracy')
print('测试数据集上的精确度为:%0. 4f'%scores2. mean())
```

输出结果:

训练数据集上的精确度为:0. 9800

测试数据集上的精确度为:0. 6750

⑥保存训练模型

导入库:

```
import joblib
```

保存训练模型:

```
joblib. dump(clf, 'SVM. pkl')
```

⑦利用训练模型进行分类

导入库：

```
import xarray as xr
import numpy as np
import rasterio
import matplotlib. pyplot as plt
from rasterio. plot import reshape_as_raster, reshape_as_image
```

读取需要分类的 GF-1 栅格数据：

```
Data＝xr. open_rasterio("F:/PythonCode/data/GF1_WFV1_20220411_rpcortho_临沂_兰陵 . tif")
```

加载训练模型：

```
clf_SVM＝joblib. load('SVM. pkl')
```

利用模型对遥感数据进行分类：

```
#1. 裁剪部分数据用来训练测试
img_data_test＝np. array(Data. data)[:,1600:2000,1700:2000]
#2. 对数据结构进行重构以便于分类
length_sampleX,band_num＝np. array(sampleX). shape
reshaped_img_p1＝reshape_as_image(img_data_test)
reshaped_img_p2＝reshaped_img_p1. reshape(-1,band_num)
#3. 对数据进行归一化
std_class＝StandardScaler()
reshaped_img_std＝std_class. fit_transform(reshaped_img_p2)
#4. 对数据进行分类
class_prediction＝clf_SVM. predict(reshaped_img_std)
#5. 对分类数据进行重构便于输出和显示
class_prediction＝class_prediction. reshape(reshaped_img_p1[:, :, 0]. shape)
#6. 定义一个颜色拉伸函数
defcolor_stretch(image, index):
    colors＝image[:, :, index]. astype(np. float64)
    for b in range(colors. shape[2]):
        colors[:, :, b]＝rasterio. plot. adjust_band(colors[:, :, b])
    return colors
#7. 输出原始数据和分类结果
fig,axs＝plt. subplots(1,2,figsize＝(10,7))
img_stretched＝color_stretch(reshaped_img_p1, [3, 2, 1])
axs[0]. imshow(img_stretched)
axs[1]. imshow(class_prediction)
fig. show()
```

结果如图 6.8。

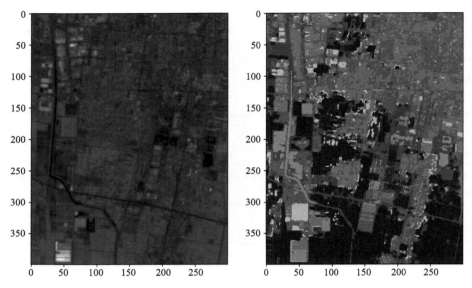

图 6.8　系统输出结果（见彩图）

6.4　基于随机森林的作物分类

6.4.1　随机森林模型简介

　　随机森林模型由 Breiman(2001) 和 Cutler 在 2001 年提出，其本质上是通过随机抽取样本和特征，建立多棵互不关联的决策树，并行获取决策树输出结果，然后对所有决策树结果进行投票，得票最多的类别就是整个随机森林分类预测结果。随机森林的运算速度快，特别是现代计算机 CPU 具有多个内核，且支持多线程并行计算，在处理大量数据时具有优势。而且随机森林模型对输入数据的要求不高，不必进行变量选择，省去了提前选择变量的麻烦（李欣海，2013）。本节主要介绍 Scikit-Learn 算法库中随机森林模型的使用方法，并结合具体示例，展示随机森林模型在冬小麦种植分布提取和面积监测中的应用。

6.4.2　Scikit-Learn 算法库中随机森林模块

　　Scikit-Learn 算法库中随机森林算法有两种模型，分别是 RandomForestClassifier(随机森林分类)和 RandomForestRegressor(随机森林回归)。冬小麦种植分布提取，本质上是对遥感数据的分类处理，生成冬小麦和非冬小麦两类，即二分类。因此，本节主要介绍 RandomForestClassifier 相关内容。

```
class sklearn. ensemble. RandomForestClassifier(n_estimators=100, *, criterion='
gini', max_depth=None, min_samples_split=2, min_samples_leaf=1, min_weight_frac-
tion_leaf=0. 0, max_features='sqrt', max_leaf_nodes=None, min_impurity_decrease=
0. 0, bootstrap=True, oob_score=False, n_jobs=None, random_state=None, verbose=0,
warm_start=False, class_weight=None, ccp_alpha=0. 0, max_samples=None)
```

下面简单介绍该类的常用参数。

(1)n_estimators：int，default＝100，是随机森林中树的数量，默认值是 100；

(2)criterion：{"gini"，"entropy"，"log_loss"}，default＝"gini"，用于测量拆分质量的函数。支持的标准是基尼杂质的"基尼"和香农信息增益的"log_loss"和"熵"，默认值是 gini；

(3)max_depth：int，default＝None，树的最大深度，当设置为 None 时节点将持续展开，直到所有叶子都是纯的，或者直到所有叶子包含的样本少于 min_samples_split 样本；

(4)min_samples_split：int or float，default＝2，拆分内部节点所需的最小样本数，如果为整数，则将 min_samples_split 视为最小值，如果是浮点数，则 min_samples_split 是一个分数，每次拆分的最小样本数是该浮点数乘以样本数。

(5)min_samples_leaf：int or float，default＝1，叶子节点的最小样本数量，默认是 1；

(6)max_features：{"sqrt"，"log2"，None}，int or float，default＝"sqrt"，寻找最佳拆分时要考虑的功能数量；

(7)max_leaf_nodes：int，default＝None，通过限制最大叶子节点数，可以防止过拟合，默认不限制最大的叶子节点数。如果设置其他值，则会在设置的最大叶子节点树内选择最优的决策树。在特征不多情况下可以不考虑这个值，但是如果特征多，可以加以限制。

(8)n_jobs：int，default＝None，在训练、预测时所用的 CPU 核心数，设置为－1 时，调用全部 CPU 核心；

(9)random_state：int，RandomState instance or None，default＝None，每次训练时的随机状态，如果定义为 None，则每次的样本不一致，如果定义为正整数，则在该数不变时，每次的样本一致。

6.4.3　基于 Scikit-Learn 随机森林的冬小麦种植分布提取和面积监测

基于 Scikit-Learn 随机森林的冬小麦种植分布提取和面积监测主要分为以下几个步骤，分别是数据预处理，绘制训练样本，随机森林模型参数优化，使用最优模型参数训练模型及精度检验，最后使用模型预测整个研究区域。具体流程如图 6.9 所示。

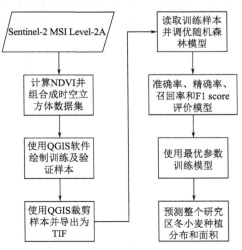

图 6.9　Scikit-Learn 随机森林的冬小麦种植分布提取和面积监测流程图

（1）数据及预处理

本示例所用的数据是 Sentinel-2 MSI Level-2A，条带号是 50SPC，时间范围是 2021 年 10 月 1 日至 2022 年 6 月 30 日，云量小于 5％的数据，共计 11 景影像。对各景影像使用 SNAP 软件计算 NDVI，然后按影像成像时间先后，组合为包含 11 期 NDVI 的时空立方体数据。

使用 QGIS 结合目视解译和 NDVI 的时间序列变化特征，绘制冬小麦训练样本，样本分为冬小麦和非冬小麦 2 类，其中冬小麦样本共 20 个区域，44806 个像元，非冬小麦样本 21 个区域，259590 个像元。样本具体分布图如图 6.10。将 2 种样本的边界分别导出为矢量边界文件，并用 QGIS 按掩膜图层裁剪栅格，得到 2 种样本 NDVI 时空立方体数据，每个样本均包含该区域 11 期 NDVI 的时空立方体数据。最后对每个样本增加训练标签，即把冬小麦样本标记为 1，非冬小麦样本标记为 0。

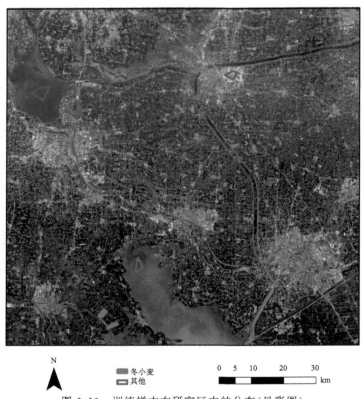

图 6.10　训练样本在研究区中的分布（见彩图）

（2）编写 Python 程序对随机森林主要参数进行训练并优化

导入库：

```
import glob
import pandas as pd
from osgeo import gdal_array
from sklearn import metrics
from sklearn. model_selection import GridSearchCV
from sklearn. ensemble import RandomForestClassifier
from sklearn. model_selection import train_test_split
```

定义 tif 栅格读取函数，返回 pandas 列表：

```
def load_img2df(files,classnum)：
        outpd＝pd. DataFrame(columns＝[f'b{tt}' for tt in range(1，12)])    ＃定义一个空
pd 列表
            for file in files：
                im_data＝gdal_array. LoadFile(file)    ＃读取栅格为 numpy array
                temp_df0＝pd. DataFrame(im_data. reshape(11，-1). T，columns＝[f'b
{tt}' for tt in range(1，12)]) ＃将 numpy array 转换为 pandas 列表
                outpd＝pd. concat([outpd，temp_df0]，axis＝0，ignore_index＝True)
＃ 合并列表
            outpd['y']＝classnum    ＃ 在列表最后添加一列作为训练标签,如果是小麦则
设置值都为 1,其他设置为 0
            return outpd
```

调用样本栅格读取函数,并合并两类样本到一个列表中：

```
wheat_sample_files＝glob. glob('wheat_＊. tif')    ＃ 获取冬小麦栅格文件路径
other_sample_files＝glob. glob('other_＊. tif') ＃ 获取其他栅格文件路径
wheat_samples＝load_img2df(wheat_sample_files，1)
other_samples＝load_img2df(other_sample_files，0)
all_samples＝pd. concat([wheat_samples，other_samples]，axis＝0,ignore_index＝
True)
```

定义自变量与因变量：

```
X＝all_samples. iloc[：，0：-1] ＃ X 是列表中除最后一列的数据
y＝all_samples. iloc[：，-1] ＃y 是列表最后一列数据
X_train，X_test，y_train，y_test＝train_test_split(X，y，test_size＝0. 1，random_
state＝10) ＃训练集和测试集划分,90％为训练集,10％为测试集
```

调用 GridSearchCV 自动调优器,对"n_estimators""max_depth"和"min_samples_split"调优参数调优。"n_estimators"参数值从 50 开始到 200 结束,每次增加步长为 20;"max_depth"从 3 开始到 13 结束,每次增加步长为 2;"min_samples_split"从 2 开始到 10 结束,每次增加步长为 2：

```
params＝[{'n_estimators':range(50,201,20),'max_depth':range(3,14,2),
    'min_samples_split':range(2,11,2)}]
best_model＝GridSearchCV(estimator＝RandomForestClassifier(
    n_jobs=-1,random_state＝10)，param_grid＝params，scoring＝'roc_auc',cv＝5)
best_model. fit(X_train,y_train)
best_model. best_params_
best_model. best_score_
```

输出结果：

{'max_depth': 13, 'min_samples_split': 2, 'n_estimators': 90}

0.8590141607602735

此时得到了最优模型及其参数。

（3）最优模型评价

根据上述最优参数训练模型，并将样本中的10％作为测试集对模型精度进行评价。

精度评价指标（梅安新，2001）选用遥感分类中常用的准确率（Accuracy）、精确率（Precision）、召回率（Recall）和F1 score进行评价，这些评价指标是基于混淆矩阵的，下面简单介绍混淆矩阵（Confusion Matrix）的概念。混淆矩阵实际上是分别作出分类模型中分类正确和分类错误个数的统计表，而分类正确又分为将正类预测为正类（TP）和将负类预测为负类（TN），分类错误同样也分为将正类预测为负类（FN）和将负类预测为正类（FP）。混淆矩阵如表6-1所示。

表6-1　混淆矩阵示例

混淆矩阵		预测值	
		正	负
真实值	正	TP	FN
	负	FP	TN

具体计算公式如下：

$$Accuracy = \frac{TP+TN}{TP+TN+FP+FN}$$

$$Precision = \frac{TP}{TP+FP}$$

$$Recall = \frac{TP}{TP+FN}$$

$$F1 = \frac{2 \times Precision \times Recall}{Precision + Recall}$$

下面介绍上述分类指标在Scikit-Learn中的使用，Scikit-Learn已经将上述公式编写为函数，只需导入对应函数即可使用。

导入库：

```
from sklearn.metrics import confusion_matrix, accuracy_score, precision_score, recall_score, f1_score
```

使用最优模型技术测试集，并计算评价指标：

```
y_pred = best_model.predict(X_test)    ♯使用模型预测测试集
confusion_matrix(y_test, y_pred)
accuracy_score(y_test, y_pred)
precision_score(y_test, y_pred)
recall_score(y_test, y_pred)
f1_score(y_test, y_pred)
```

输出结果：

Confusion_matrix :array([[4314,6006],

[　　3，49790]], dtype=int64)

Accuracy:0.9000382612745995

Precision_score :0.8923578751164958

Recall_score :0.9999397505673489

F1_score:0.9430906628531381

如果对上述精度不满意，则可以再次调用 GridSearchCV 自动调优器，扩大参数范围后优化模型，或者增加训练样本、重新绘制训练样本，直到精度满意为止。为了后续能够调用该模型进行预测，需要将模型数据持久化，将训练完成的模型导出到硬盘。

训练模型导出到硬盘保存：

```
import joblib
joblib. dump(best_model，'NDVI_T50SPC_Wheat_pred. pkl')
```

调用模型对整个研究区域进行冬小麦提取：

```
from osgeo import gdal
import numpy as np
import pandas as pd
import joblib
def read_img(filename):
        data=gdal. Open(filename)   ♯ 打开文件
        im_width=data. RasterXSize   ♯ 读取图像行数
        im_height=data. RasterYSize    ♯ 读取图像列数
        im_geotrans=data. GetGeoTransform()
        ♯仿射矩阵，左上角像元的大地坐标和像元分辨率。
        ♯ 共有六个参数，分别代表左上角 x 坐标；东西方向上图像的分辨率；如果北
边朝上，地图的旋转角度，0 表示图像的行与横轴平行；左上角 y 坐标；
        ♯ 如果北边朝上，地图的旋转角度，0 表示图像的列与纵轴平行；南北方向上
地图的分辨率。
        im_proj=data. GetProjection()   ♯ 地图投影信息
        im_data=data. ReadAsArray(0, 0, im_width, im_height)   ♯ 此处读取整张图像
        ♯ReadAsArray(<xoff>, <yoff>, <xsize>, <ysize>)
        ♯读出从(xoff,yoff)开始，大小为(xsize,ysize)的矩阵。
        del data   ♯释放内存
        returnim_proj, im_geotrans, im_data

defwrite_img(filename, im_proj, im_geotrans, im_data):
        ♯ filename-创建的新影像
        ♯im_geotrans,im_proj 该影像的参数,im_data,被写的影像
        ♯写文件,以写成 tiff 为例
        ♯gdal 数据类型包括
        ♯gdal. GDT_Byte,
```

```
♯ gdal . GDT_UInt16，gdal. GDT_Int16，gdal. GDT_UInt32，gdal. GDT_Int32，
♯ gdal. GDT_Float32，gdal. GDT_Float64
♯ 判断栅格数据的类型
if 'int8' in im_data. dtype. name：
        datatype＝gdal. GDT_Byte
elif 'int16' in im_data. dtype. name：
        datatype＝gdal. GDT_UInt16
else：
        datatype＝gdal. GDT_Float32
if len(im_data. shape)＝＝3：   ♯ len(im_data. shape)表示矩阵的维数
        im_bands，im_height，im_width＝im_data. shape   ♯（维数,行数,列数）
else：
        im_bands，(im_height，im_width)＝1，im_data. shape
♯          创建文件
driver＝gdal. GetDriverByName('GTiff')
data＝driver. Create(filename，im_width，im_height，im_bands，datatype)
data. SetGeoTransform(im_geotrans)   ♯ 写入仿射变换参数
data. SetProjection(im_proj)   ♯ 写入投影
if im_bands＝＝1：
        data. GetRasterBand(1). WriteArray(im_data)   ♯ 写入数组数据
else：
        for i in range(im_bands)：
                data. GetRasterBand(i＋1). WriteArray(im_data[i])
        del data
forest＝joblib. load('NDVI_T50SPC_Wheat_pred. pkl')
im_proj，im_geotrans，im_data＝read_img('NDVI_T50SPC_20211112_20220521. tif')
z，xx，yy＝im_data. shape
raster_array＝im_data. reshape(z,-1). T
dict_df＝pd. DataFrame(raster_array，columns＝[f'b{tt}' for tt in range(1，z＋1)])
dict_df＝dict_df. fillna(0)
step＝int(dict_df. shape[0]/10)
y_pred_all＝np. array([])
for i in range(0，dict_df. shape[0]，step)：♯ 分块计算,避免内存不足
        y_pred＝forest. predict(dict_df[i:i＋step])
        y_pred_all＝np. concatenate([y_pred_all，y_pred])
outdata＝y_pred_all. reshape(xx，yy)
write_img('NDVI_T50SPC_wheat_pred. tif'，im_proj，im_geotrans，outdata)
```

运行完成后即可得到整个研究区域的冬小麦种植区域,在 QGIS 中显示并叠加 2022 年 4 月 6 日真彩色影像,出图后可得图 6.11。

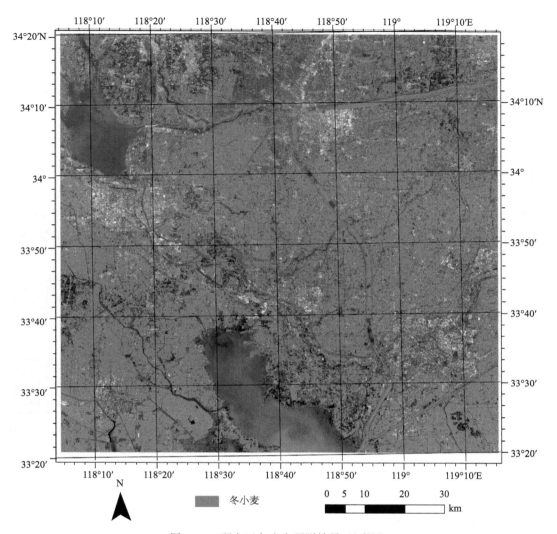

N

冬小麦

0　5　10　　　20　　　30
km

图 6.11　研究区冬小麦预测结果(见彩图)

第 7 章　分类后处理和精度评价

7.1　分类后处理

　　像元分类方法的分类结果中不可避免地会产生一些很小的图斑,无论从专题制图的角度,还是从实际应用的角度,都有必要对这些小图斑进行剔除。本节小图斑处理(去椒盐)使用 gdal 内 SieveFilter 方法实现过滤处理。

7.1.1　去椒盐化原理

　　小图斑处理(去椒盐)代码中,可调整参数为 mode 和 pixelThreshold,其中 mode 通过分析周围的 4 个或 8 个像元,判定一个像元是否与周围的像元同组,取值为 4(上下左右)或 8(四周)(图 7.1);pixelThreshold 为最小斑块阈值,默认为 10,一组中小于该数值的像元将从相应类别中删除。

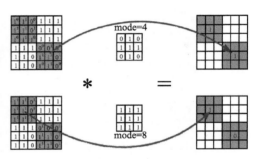

图 7.1　小图斑处理(去椒盐)连通域(mode＝4&8)

7.1.2　去椒盐化代码实现

```python
from osgeo import gdal
import shutil
import os
import time
def clear_noise(input_path, mode=4, pixelThreshold=20):
    filename = "Sieve_" + os. path. basename(input_path)
    src_path = os. path. dirname(input_path)
    # 1 文件复制到新文件夹 result 中
    out_folder = src_path + '/result'
    dst_image = os. path. join(out_folder, filename)
    if notos. path. exists(out_folder):
        os. makedirs(out_folder)
    shutil. copy(input_path, dst_image)
    print('已加载数据')
    st = time. time()
    Image = gdal. Open(dst_image, 1)  # read-write mode
    Band = Image. GetRasterBand(1)
```

```
gdal. SieveFilter(srcBand=Band, maskBand=None, dstBand=Band,
                  threshold=pixelThreshold,
                  connectedness=mode,
                  callback=gdal. TermProgress_nocb)
    del Image, Band
    time_cost=(time. time() - st)
    print('已完成,用时%d 秒' % time_cost)
# input_path 为 tif 分类图输入路径;mode 连通域;pixelThreshold 阈值
if __name__=='__main__':
    pixelThreshold=7
    mode=8
    input_path='Z:\\rfpoint428sample. tif'
    clear_noise(input_path,mode,pixelThreshold)
```

7.1.3　结果输出

7.1.3.1　控制台输出

已加载数据
0...10...20...30...40...50...60...70...80...90...100 - done.
已完成,用时 0 秒
Process finished with exit code 0

7.1.3.2　小图斑(去椒盐)处理效果

图 7.2 为小图斑处理(去椒盐)效果。

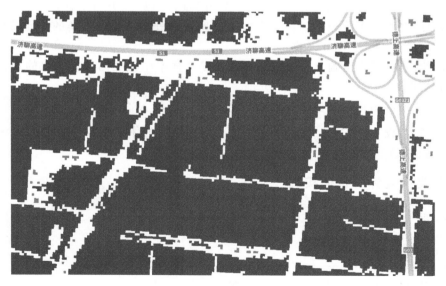

图 7.2　小图斑处理(去椒盐)连通域(mode=8,pixelThreshold=7)(见彩图)

7.2 分类精度评价

7.2.1 分类精度评价原理

混淆矩阵又称误差矩阵,是一种用于表示分为某一类别的像元个数与地面检验为该类别数的比较阵列(如表 7-1,假设分类总数为 n)。混淆矩阵精度评价方法是当前遥感分类精度评价的核心方法。

表 7-1 混淆矩阵

类别	验证类别 1	验证类别 2	…	验证类别 n	合计
分类 1	P_{11}	P_{12}	…	P_{1n}	P_{1+}
分类 2	P_{21}	P_{22}	…	P_{2n}	P_{2+}
⋮	⋮	⋮	⋮	⋮	⋮
分类 n	P_{n1}	P_{n2}	…	P_{nn}	P_{n+}
合计	P_{+1}	P_{+2}	…	P_{+n}	N

在混淆矩阵中,列代表参考数据(用于验证的数据),而行代表由遥感影像分类所得的类别数据。

其中 P_{ij} 代表由遥感影像分类为 i,但实际属于验证样本 j 的像元数目。P_{i+} 表示第 i 行像元数目的总和,即遥感影像分类为第 i 类的像元总和。P_{+j} 表示第 j 列像元数目的总和,即验证样本类别中第 j 类的像元数目。并有 N = 分类样本像元总和 = 验证样本像元总和。容易理解,对角线上的元素 P_{ii} 就是分类样本中第 i 类正确分类的像元个数。

错分误差:本不属于某类别的像元被错分为该类的误差,即错分的像元数目与遥感影像中分为该类别的像元总数的比值。如第 i 类的错分误差为:$(P_{i+}-P_{ii})/P_{i+}$

用户精度:某类别正确分类的像元个数与遥感影像分类结果中该类的像元总数的比值。用户精度的值等于 1 减去错分误差。

生产者精度:某类别正确分类的像元个数与参考样本中该类的像元个数的比值。如第 i 类的生产者精度为:P_{ii}/P_{+i}

总体精度:所有类别正确分类的像元个数,与像元总数 N 的比值:$\sum P_{ii}/N$。

Kappa 系数:设 $P=\sum P_{ii}$,$Q=\sum(P_{i+}\cdot P_{+i})$,$N$ 为像元总数,则 $K=(N\cdot P-Q)/(N^2-Q)$。该系数的值越接近 1,分类精度越高。

7.2.2 分类精度评价代码实现

```
#1. 导入库
import pandas as pd
importnumpy as np
from sklearn. metrics import confusion_matrix
from sklearn. metrics import accuracy_score
from sklearn. metrics import cohen_kappa_score
#2. 读取测试样本数据(csv 文件中第 1 列为标签值,第 2 列为类别,3~6 列为影像波段数据)
import csv
```

```
testX=list()
testY=list()
Class_true=list()
filename='F:/PythonCode/sklearn_class/data/test_data.csv'
with open(filename,'r',encoding='utf-8-sig') as csvfile：
    reader=csv.reader(csvfile)
    next(reader)#跳过第一行
    for row in reader：
        testY.append(int(row[0]))
        Class_true.append(row[1])
        str_testX=row[2:6]
        int_testX=[int(X) for X in str_testX]
        testX.append(int_testX)
```
#3. 应用分类模型 clf_GaussianNB 对数据进行分类(模型为 6.2.2 节中"基于 csv 样本文件建立的训练分类模型")
```
length_testX,band_num=np.array(testX).shape
Y_pre=clf_GaussianNB.predict(testX)
```
#4. 获取分类结果中的类别信息,并将 ID 转变为类别
```
IDs=np.unique(testY)
Classes=[]
Class_pre=np.array(Y_pre.tolist(),'<U48')
for ID in IDs：
    #获取类别信息
    Class=Class_true[testY.index(ID)]
    Classes.append(Class)
    #将 ID 转变为类别
    Class_pre[np.where(Y_pre==ID)[0]]=Class
```
#5. 计算混淆矩阵
```
confusion_matrix_array=confusion_matrix(Class_true,Class_pre,labels=Classes)
Total_C=confusion_matrix_array.sum(axis=1)#按列求和
confusion_matrix_array=np.column_stack((confusion_matrix_array,Total_C))
Total_L=confusion_matrix_array.sum(axis=0)#按行求和
confusion_matrix_array=np.row_stack((confusion_matrix_array,Total_L))
```
#6. 计算总体精度和 Kappa 系数
```
accuracy=accuracy_score(testY, Y_pre)
kappa=cohen_kappa_score(testY, Y_pre)
```
#7. 计算错分误差、用户精度、生产者精度
```
row, col=confusion_matrix_array.shape
Accuracy_array=np.zeros((row-1,3), dtype=float)
fori in range(0,col-1)：
    Error_of_Commission=(confusion_matrix_array[i,col-1]-confusion_matrix_array[i,i])/confusion_matrix_array[i,col-1]
    Users_Accuracy=1 - Error_of_Commission
    Producers_Accuracy=confusion_matrix_array[i,i]/confusion_matrix_array[row-1,i]
    Accuracy_array[i,0]=Error_of_Commission
    Accuracy_array[i,1]=Users_Accuracy
```

```
        Accuracy_array[i,2]＝Producers_Accuracy＃8. 输出结果
＃混淆矩阵
target_names＝Classes＋['Total']
confusion_matrix_file＝pd. DataFrame(columns＝target_names，    index＝target_names，
data＝confusion_matrix_array)＃添加标签
print('混淆矩阵:')
print(confusion_matrix_file)
＃总体精度和 Kappa 系数
print('分类结果的总体精度为:{:.4f}'. format(accuracy))
print('Kappa 系数为:{:.4f}'. format(kappa))
＃各类别的错分误差、用户精度、生产者精度
Accuracy_array_rounded＝np. round(Accuracy_array,4)
Accuracy_names＝['Error_of_Commission','Users_Accuracy','Producers_Accuracy']
Accuracy_matrix_file＝pd. DataFrame(columns＝Accuracy_names，    index＝Classes，da-
ta＝Accuracy_array_rounded)＃添加标签
print('各类别的错分误差、用户精度、生产者精度:')
print(Accuracy_matrix_file)
```

7.2.3 控制台输出的分类精度评价结果

混淆矩阵:

	wheat	garlic	forest	bareland	village	water	greenhouse	Total
wheat	13	0	0	0	0	0	0	13
garlic	0	13	0	0	0	0	0	13
forest	0	0	10	0	0	0	0	10
bareland	0	0	0	8	2	0	0	10
village	0	0	0	0	11	0	0	11
water	0	0	0	0	0	10	0	10
greenhouse	0	0	0	0	0	0	10	10
Total	13	13	10	8	13	10	10	77

分类结果的总体精度为：0.9740

Kappa 系数为：0.9696

各类别的错分误差、用户精度、生产者精度：

	Error_of_Commission	Users_Accuracy	Producers_Accuracy
wheat	0	1	1
garlic	0	1	1
forest	0	1	1
bareland	0.2	0.8	1
village	0	1	0.8462
water	0	1	1
greenhouse	0	1	1

第 8 章　统计分析和制图

8.1　栅格数据的区域统计

8.1.1　离散数据的区域统计

关于栅格数据的区域统计,以山东省地市级行政区划数据(02 市级界限.shp)和 2015 年山东土地利用数据(2015 山东土地利用数据_Res250M.tif)为例,阐述在各个区域内离散数据的唯一值的各种统计。

①首先,将市政区划数据和土地利用数据加载到 QGIS 中去。

②接着,在菜单栏中点击"数据处理—工具箱",调出工具箱,点击工具箱中的"栅格分析—带状直方图",在带状直方图面板上,栅格图层选择土地利用数据,波段数选择要统计的波段,包含分区的矢量图层选择地级市行政区划,输出列的前缀可以自由设置,这里设置 H_,输出区域可以选择输出的位置,设置完成后,单击运行即可(图 8.1)。

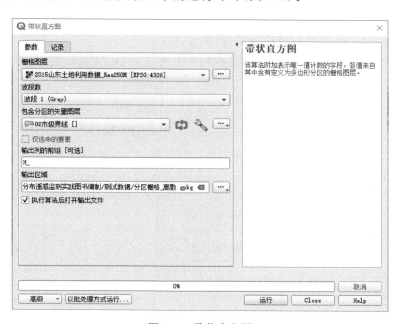

图 8.1　带状直方图

③统计完成后,打开生成图层的属性表,可以看到每个地级市土地类型的离散统计,字段 H_11 等的数据就代表每个地级市各种土地类型的像元数(图 8.2)。

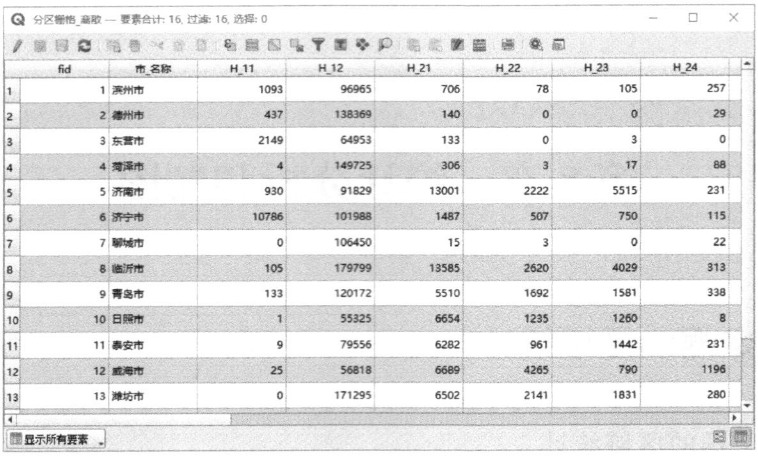

	fid	市_名称	H_11	H_12	H_21	H_22	H_23	H_24
1	1	滨州市	1093	96965	706	78	105	257
2	2	德州市	437	138369	140	0	0	29
3	3	东营市	2149	64953	133	0	3	0
4	4	菏泽市	4	149725	306	3	17	88
5	5	济南市	930	91829	13001	2222	5515	231
6	6	济宁市	10786	101988	1487	507	750	115
7	7	聊城市	0	106450	15	3	0	22
8	8	临沂市	105	179799	13585	2620	4029	313
9	9	青岛市	133	120172	5510	1692	1581	338
10	10	日照市	1	55325	6654	1235	1260	8
11	11	泰安市	9	79556	6282	961	1442	231
12	12	威海市	25	56818	6689	4265	790	1196
13	13	潍坊市	0	171295	6502	2141	1831	280

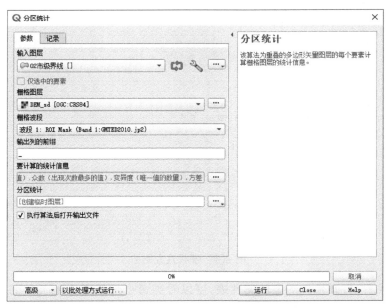

图 8.2　统计结果

8.1.2　连续数据的区域统计

对于连续的区域统计，利用山东省地市级行政区划数据(02 市级界限 .shp)和山东省 DEM 数据(DEM_sd. dat)为例进行演示。

①加载上面两个数据。

②选择工具箱中的“栅格分析—分区统计”，在弹出的分区统计面板中，输入图层，选择山东省地市级行政区划数据，栅格图层选择山东省 DEM 数据，栅格波段就选择要统计的波段，输出列的前缀默认“_”不变，在要计算的统计信息中，可以选需要的统计，也可以全选，分区统计中可以选择输出位置，之后点击运行即可(图 8.3)。

③运行完成后，打开属性表，就可以观察到各个地市的 DEM 统计数据(图 8.4)。

图 8.3　分区统计

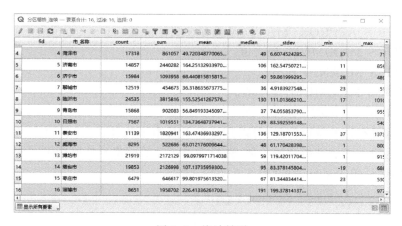

图 8.4 统计结果

8.2 栅格数据统计

8.2.1 栅格数据基本信息统计

一般栅格数据的基本统计信息有各个波段的最大/小值、平均值、标准差、像元比例等,只需在加载进来的栅格数据上右键选择属性,在图层属性面板左侧选择"信息",即可看到栅格数据的波段统计信息(图 8.5)。

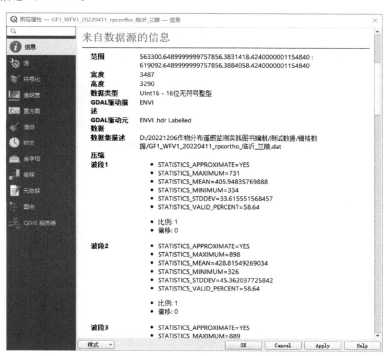

图 8.5 栅格数据基本信息

统计的信息分别是：

STATTSTICS_APPROXTMATE：是否存在统计信息。

STATISTICS_MAXIMUM：最大值。

STATISTICS_MEAN：平均值。

STAT1STICS_MINIMUM：最小值。

STATISTICS_STDDEV：标准差。

如果元数据没有这些统计信息，可以直接在工具箱中统计，在工具箱中点击"栅格分析—栅格图层统计"，输入图层选择和波段数，选择需要统计的栅格和波段即可，"统计[可选]"选项设置输出路径，之后单击运行即可（图 8.6）。

图 8.6　栅格图层统计

运行结束后，在结果查看器面板上双击得到统计结果（图 8.7）。

图 8.7　统计结果

8.2.2　直方图

栅格数据的直方图可以直接生成,在目标图层上右键属性,选择直方图即可,生成的直方图(图 8.8),"将最大值/最小值应用于"选项可以调整统计波段,"最大值"和"最小值"选项可以直接输入直方图最大值或者最小值,也可以选择后面的"小手",直接在直方图上选择最大、最小值。

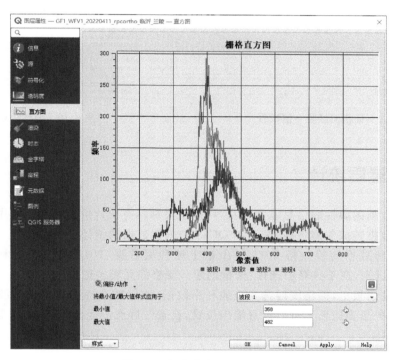

图 8.8　栅格直方图(见彩图)

在直方图上,左键框选,可以放大观察直方图统计信息,右键可以恢复直方图大小,在"偏好/动作"选项下,可以对最大、小值、可见性、显示、动作等进行调整。

8.2.3　离散统计

用 2015 年山东土地利用数据(2015 山东土地利用数据_Res250M.tif)来演示离散数据中每个值出现的次数。

①首先将土地利用数据加载到 QGIS 中去。

②在工具箱中选择"栅格分析—栅格图层唯一值报告"。

③在弹出的面板上,输入图层选择土地利用数据,波段数选择要统计的波段,在唯一值报告上选择输出路径(图 8.9)。

在结果查看器面板上,双击得到的报告即可看到统计结果(图 8.10)。

图 8.9　栅格图层唯一值报告

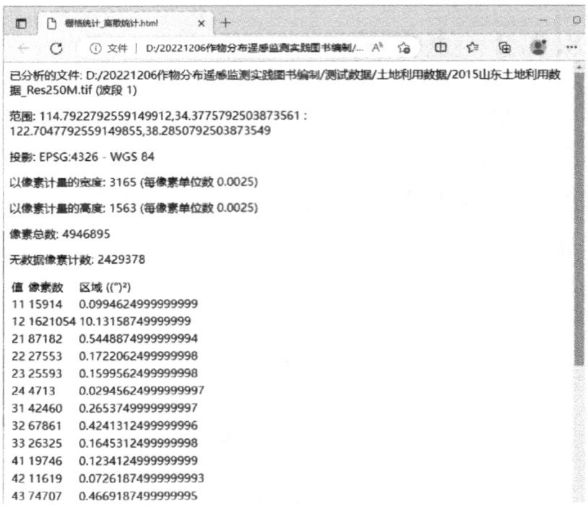

图 8.10　统计结果

8.3　转矢量后统计

　　一般矢量数据的属性表信息非常丰富,许多字段都具有统计价值,因此,利用 2015 年山东土地利用栅格数据转成矢量数据,来演示 QGIS 中矢量数据的统计。

　　①首先,进行数据转换。将 2015 年山东土地利用数据(2015 山东土地利用数据_Res 250M. tif)加载进来,在工具箱中选择"矢量创建—栅格像元转多边形"。

　　②在弹出的面板上,栅格图层选择土地利用数据,波段数选择要转矢量的波段,字段名称可以自己设置,矢量多边形上可以设置输出位置,设置好后点击运行即可(图 8.11)。

图 8.11　栅格像元转多边形

然后,正式进行矢量数据的统计。矢量数据的统计一般包括字段基本统计和按类别统计两种。
字段基本统计方法如下:

①直接在工具箱中选择"矢量分析—字段基本统计"。

②在弹出的模板上,输入图层选择要统计的矢量,依赖的统计字段选择要统计的字段,统计选项设置输出位置,设置好后点击运行即可(图 8.12)。

③运行完毕后,在结果查看器中双击统计结果即可(图 8.13)。

图 8.12 字段基本统计

图 8.13 统计结果

其实,除了这种方法,也可以直接在菜单栏中选择"视图—统计汇总",在弹出的统计面板上,选择要统计的图层和字段,可以直接看到统计数据(图 8.14)。

图 8.14 统计数据

按类别统计的方法会以某个字段为分类依据,统计各个数据的特征,方法如下:

①在工具箱中点击"矢量分析—按类别统计"。

②在按类别统计面板上,输入矢量图层选择要统计的矢量,依赖的统计字段选择需要统计分析的字段,类别字段选择要分类的字段,在按类别统计上选择输出位置,点击运行即可(图 8.15)。

图 8.15　按类别统计

③计算结束后,在图层上右键结果打开属性表可以看到统计数据(图 8.16)。

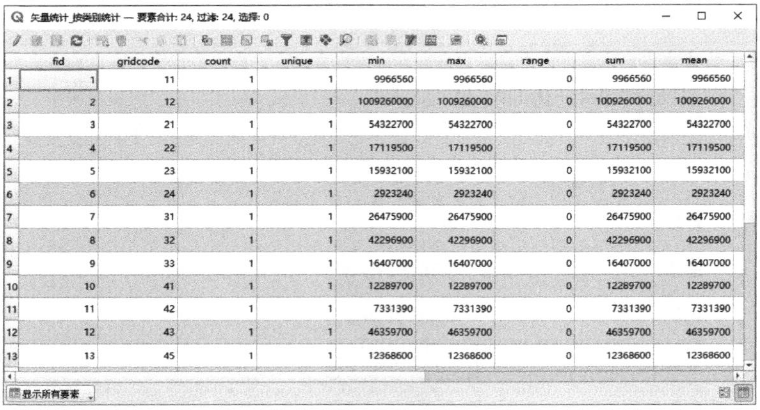

	fid	gridcode	count	unique	min	max	range	sum	mean
1	1	11	1	1	9966560	9966560	0	9966560	9966560
2	2	12	1	1	1009260000	1009260000	0	1009260000	1009260000
3	3	21	1	1	54322700	54322700	0	54322700	54322700
4	4	22	1	1	17119500	17119500	0	17119500	17119500
5	5	23	1	1	15932100	15932100	0	15932100	15932100
6	6	24	1	1	2923240	2923240	0	2923240	2923240
7	7	31	1	1	26475900	26475900	0	26475900	26475900
8	8	32	1	1	42296900	42296900	0	42296900	42296900
9	9	33	1	1	16407000	16407000	0	16407000	16407000
10	10	41	1	1	12289700	12289700	0	12289700	12289700
11	11	42	1	1	7331390	7331390	0	7331390	7331390
12	12	43	1	1	46359700	46359700	0	46359700	46359700
13	13	45	1	1	12368600	12368600	0	12368600	12368600

图 8.16　统计结果

8.4　地图制图

本节介绍如何利用 QGIS 进行常规的制图,QGIS 本身就有一套完整的制图功能,分为布局(layout)和报告(report)两种方式,报告适用于大量页面的复杂制图,而布局更适用于少量页面的出图,也是最为传统和常用的出图方式,因此,主要介绍布局中的地图制作方案。

布局管理器的整个制图过程分为以下几个大的部分,包括新建打印布局、调整页面布局、数据的添加、各种地图物件的添加以及大小、位置、字体等属性的调整,接着一一讲述。

本节通过一幅商河县冬小麦识别图,来介绍整个 QGIS 的出图过程。首先,把要出图的数据加载进来,这里将 2023 年 3 月 20 日商河县的冬小麦识别结果和商河县的镇级矢量加载进来,对冬小麦识别结果进行分级显示(分级显示前面有过介绍,此处不加赘述),调整好需要的配色方案,最后调整好矢量边界和标注(图 8.17)。

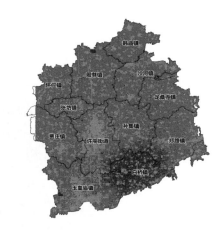

图 8.17　数据加载

下面就可以进入到布局管理中制图了,选择"工程—新建打印布局",在弹出的对话框为打印布局命名,点击"OK"即可进入制图页面,在空白页上右键选择页面属性,可以调整页面的大小,这里选择 A4 大小,接着需要将整个地图数据加进来,选择"添加项—添加地图"或者直接点击左侧快捷方式"添加地图",在页面上框选地图数据框的大概大小,点击这个地图框,在右下角可以调整其具体属性,比如在项属性下,"主要属性"可以调整地图的比例尺、旋转的角度等(图 8.18),"范围"可以精确调整地图的位置(图 8.19),"网格"可以为地图增加网格线(图8.20),"位置和大小"可以调整页面数和参考锚点的 XY 坐标(图 8.21),如果勾选框架,地图外框就会显示出来(图 8.22)。

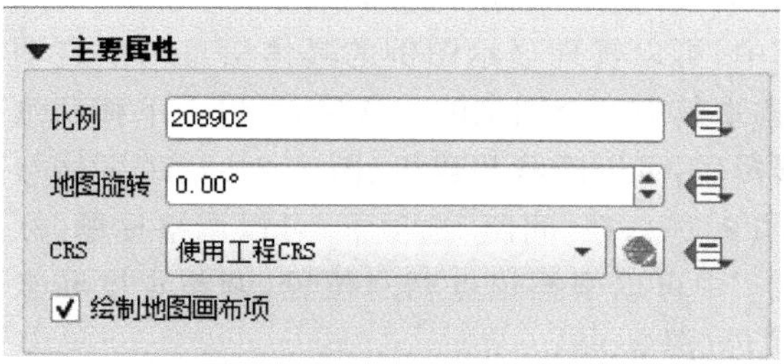

▼ 主要属性	
比例	208902
地图旋转	0.00°
CRS	使用工程CRS
☑ 绘制地图画布项	

图 8.18　主要属性

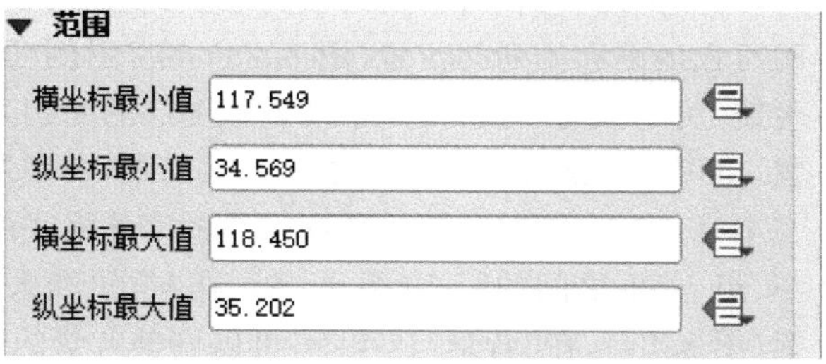

▼ 范围	
横坐标最小值	117.549
纵坐标最小值	34.569
横坐标最大值	118.450
纵坐标最大值	35.202

图 8.19　范围

图 8.20　网格

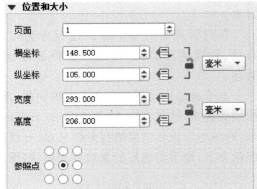

图 8.21　位置和大小

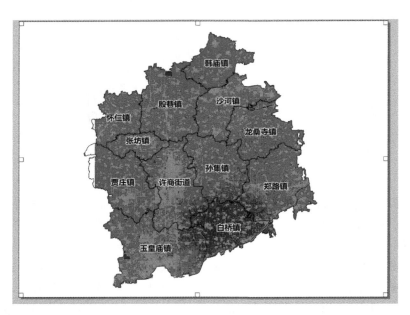

图 8.22　添加地图

接着,需要添加图例,选择"添加项—添加图例",与加地图数据的方式一样,在页面上框选即可,点击图例,在右下角的项属性上调整参数,在它的"主要属性"下面,可以命名标题、加载的所在地图和排列的位置(图 8.23),在"图例项"中,可以管理显示图例的具体信息,将"自动更新"关闭取消勾选,可以手动调整图层的图例,选中其中一个图例的一项后,可以上下移动位置,也可以增加和删除图例中的一项描述,右键选择后,可以隐藏和建组(图 8.24),在"字体与文本格式"中,可以调整标题和标注的字体格式(图 8.25),在"间距"选项下,可以调整标题、标注、组、外框之间的距离(图 8.26),在"位置和大小"中可以根据锚点相对位置,调整宽度和坐标(图 8.27),在"背景"选项下,可以调整背景的颜色(图 8.28)。

图 8.23　主要属性

图 8.24　图例项

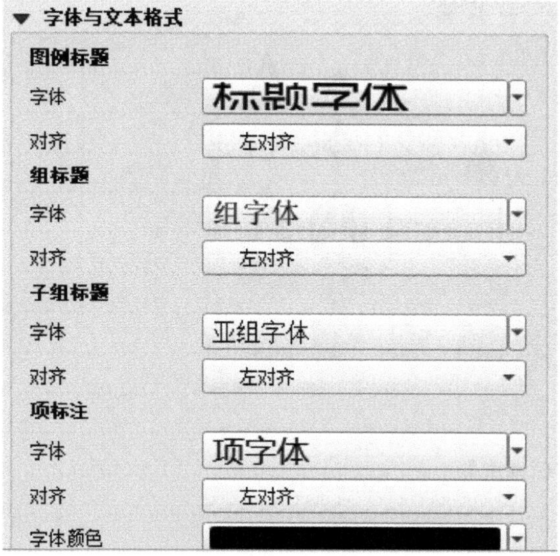

图 8.25　字体与文本格式

图 8.26　间距

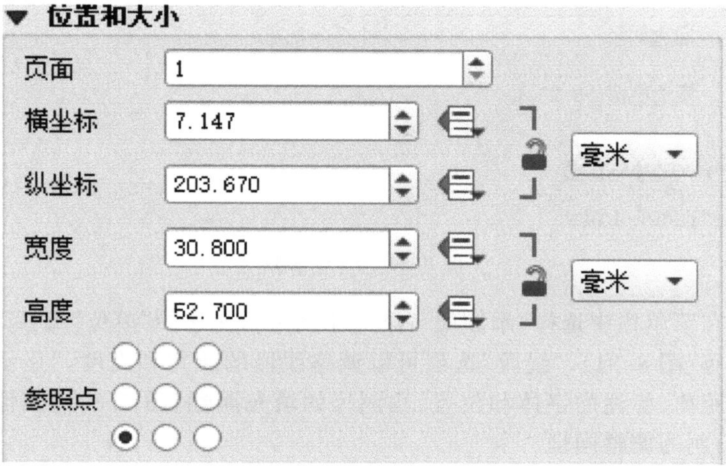

图 8.27　位置和大小

图 8.28　背景

　　下面插入指北针,在菜单栏中选择"添加项—添加指北针",在右下角的项属性下,调整指北针的格式,"SVG 浏览器"可以调整指北针的具体样式(图 8.29),"SVG 参数"可以调整填充的颜色和描边的宽度,"尺寸和位置"可以调整指北针大致的位置(图 8.30),其他的位置大小、旋转角度、框架同调整图例的原理一样,不做赘述。

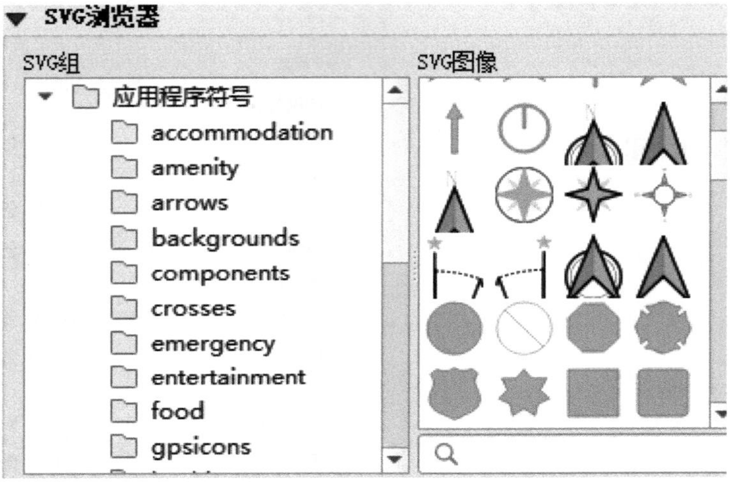

图 8.29　SVG 浏览器

图 8.30　SVG 参数

　　插入比例尺在菜单栏中选择"添加项—添加比例尺",在它的"单位"属性下,可以调整它的单位、乘数、标注等(图 8.31),"线段"选项可以调整线段的线宽和高度,"显示"下面可以调整比例尺离边框的距离、标注的字体和位置、比例尺的填充属性(图 8.32),其他的位置大小、旋转角度、框架同图例的调整同理。

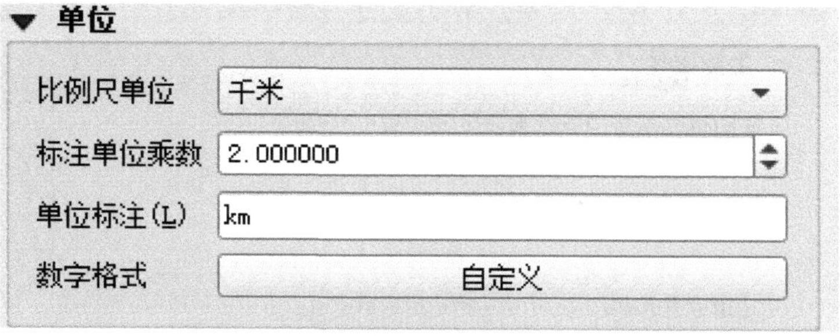

图 8.31　单位

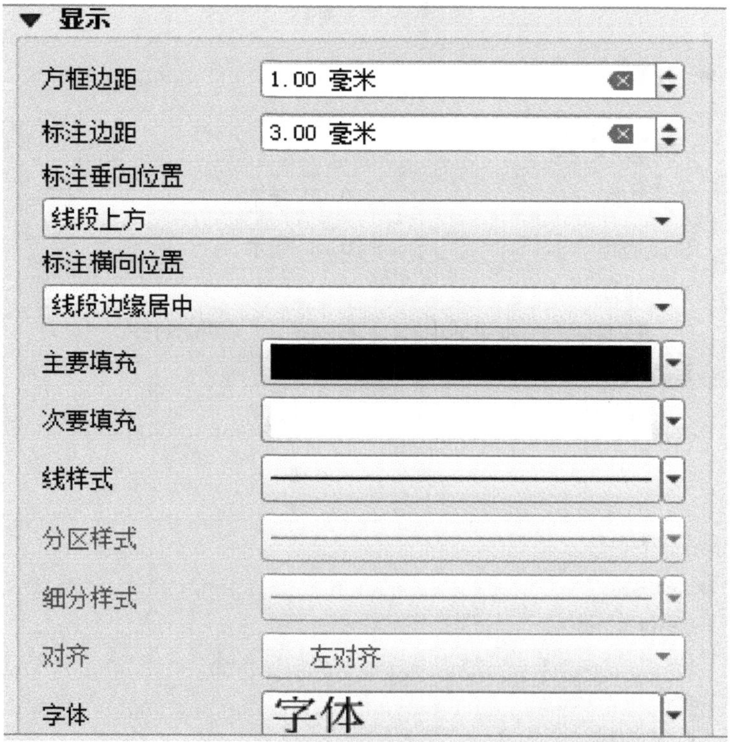

图 8.32　显示

　　最后,就是为制图加入标题,在菜单栏中选择"添加项—添加动态文本—添加—工程标题",在主要属性下面输入标题名称(图 8.33),在外观下,可以调整字体格式、文字在框中的位置(图 8.34),其他的位置大小、旋转角度、框架同于图例的调整,要注意的是,文字的位置最好要在页面中间,所以要根据页面的大小,调整文字框锚点的坐标,使其居中即可。

　　一般制图到此就基本结束了,剩下就是导出地图的步骤,一般来说,选择"布局—导出为图像",可以在保存类型上选择导出图片格式,这里选择 png 格式,点击确定后,弹出"图像导出选项",可以根据需求调整图片分辨、页宽等(图 8.35),导出后效果如图 8.36。

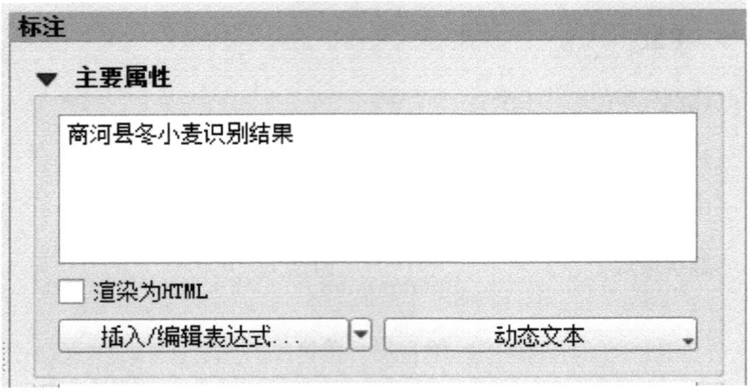

图 8.33 标注

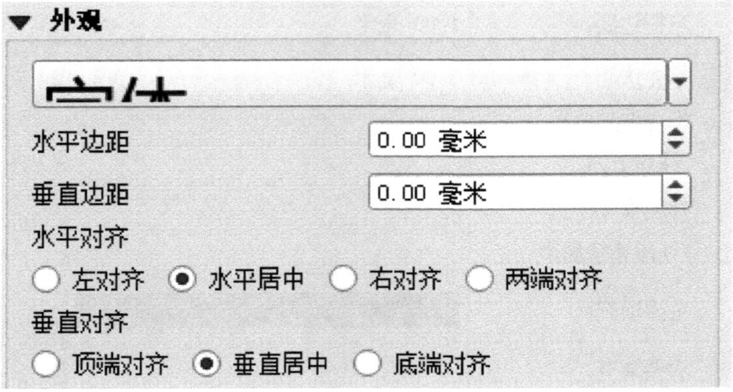

图 8.34 外观

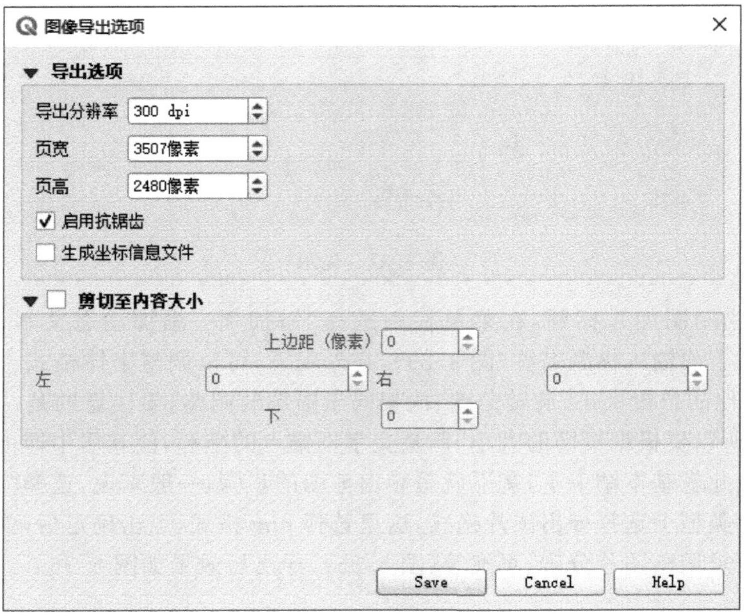

图 8.35 图像导出选项

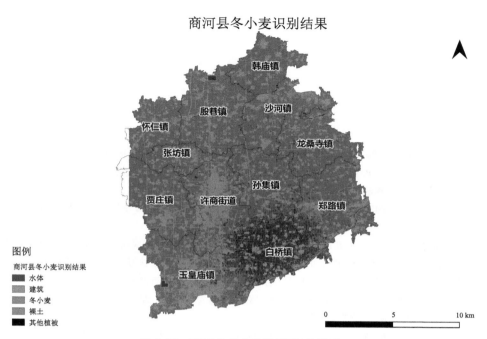

商河县冬小麦识别结果

图例

商河县冬小麦识别结果
- 水体
- 建筑
- 冬小麦
- 裸土
- 其他植被

图 8.36　商河县冬小麦识别图(见彩图)

参考文献

陈仲新，郝鹏宇，刘佳，等，2019. 农业遥感卫星发展现状及我国监测需求分析[J]. 智慧农业(1)：32-42.

董昱，胡云锋，王娜，2021. QGIS 软件及其应用教程[M]. 北京：电子工业出版社.

范昕炜，2003. 支持向量机算法的研究及其应用[D]. 杭州：浙江大学.

方韩康，张波，陈卫荣，等，2022. 高分三号 SAR 影像 L1A 级产品精处理方法[J]. 中国科学院大学学报，39 (5)：648-657.

理查兹，2015. 遥感数字图像分析导论：第 5 版[M]. 张钧萍，谷延锋，陈雨时，译，北京：电子工业出版社.

李欣海，2013. 随机森林模型在分类与回归分析中的应用[J]. 应用昆虫学报，50(4)：1190-1197.

林明森，何贤强，贾永君，等，2019. 中国海洋卫星遥感技术进展[J]. 海洋学报，41(10)：99-112.

刘佳，王利民，杨玲波，等，2017. 农作物面积遥感监测原理与实践[M]. 北京：科学出版社.

梅安新，2001. 遥感导论[M]. 北京：高等教育出版社.

欧阳伦曦，李新情，惠凤鸣，等，2017. 哨兵卫星 Sentinel-1A 数据特性及应用潜力分析[J]. 极地研究，29(2)：286-295.

孙伟伟，杨刚，陈超，等，2020. 中国地球观测遥感卫星发展现状及文献分析[J]. 遥感学报，24(5)：479-510.

田颖，陈卓奇，惠凤鸣，等，2019. 欧空局哨兵卫星 Sentinel-2A/B 数据特征及应用前景分析[J]. 北京师范大学学报(自然科学版)，55(1)：57-65.

王鸿燕，史绍雨，2015. 国外遥感卫星数据政策发展现状[J]. 国防科技工业(5)：68-71.

张庆君，2017. 高分三号卫星总体设计与关键技术[J]. 测绘学报，46(3)：269-277.

赵文波，2019. "中国高分"科技重大专项在对地观测发展历程中的阶段研究[J]. 遥感学报，23(6)：1036-1045.

BREIMAN L，CUTLER R A，2001. Random forests machine learning[J]. Journal of Clinical Microbiology，2：199-228.

RICHARDS J A，2022. Remote Sensing Digital Image Analysis[M]. Cham：Springer International Publishing.

彩　图

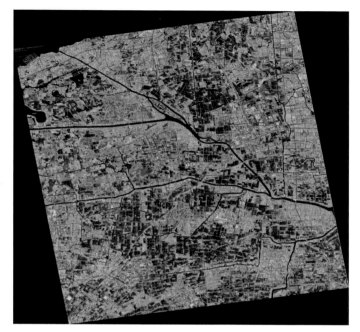

图 3.69　GF-3 伪彩色图像

图 4.28　简化要素

图 4.49　卷帘查看

图 4.57 点、线矢量的加载

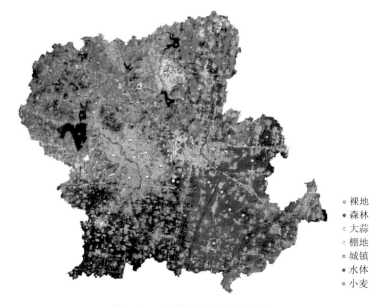

○ 裸地
● 森林
○ 大蒜
○ 棚地
● 城镇
● 水体
○ 小麦

图 4.83 影像数据与样本数据

图 5.9　冬小麦:颜色合成 RGB＝8-4-3 中的红色像元

图 5.10　土壤:颜色合成 RGB＝8-4-3 中的绿色像元

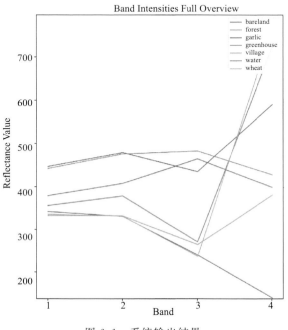

图 6.1　系统输出结果

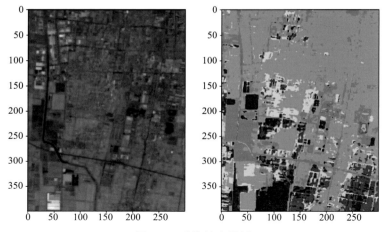

图 6.2 系统输出结果

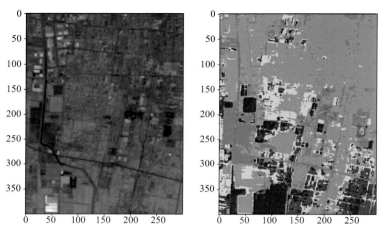

图 6.3 系统输出结果

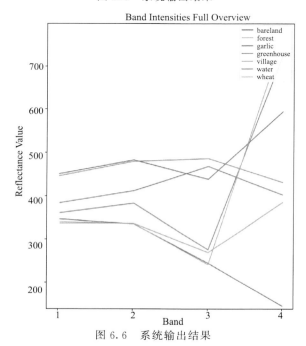

图 6.6 系统输出结果

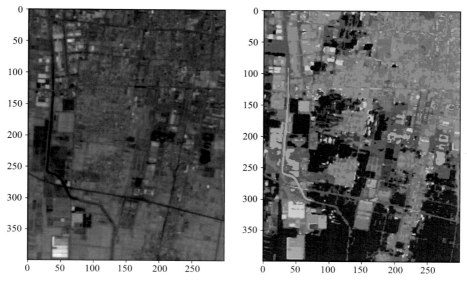

图 6.7　系统输出结果

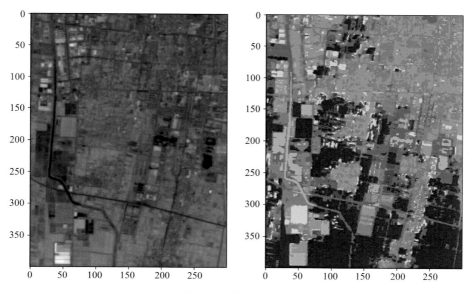

图 6.8　系统输出结果

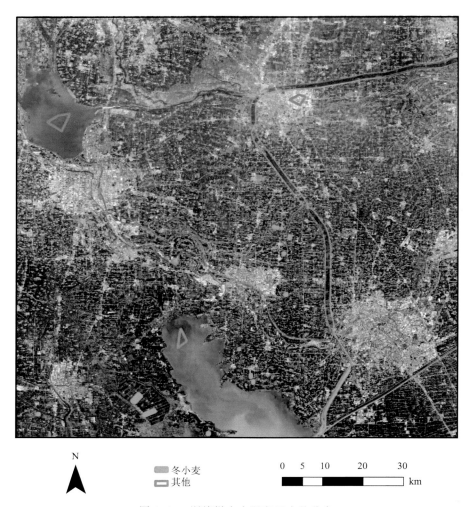

N

冬小麦
其他

0 5 10   20   30
                            km

图 6.10 训练样本在研究区中的分布

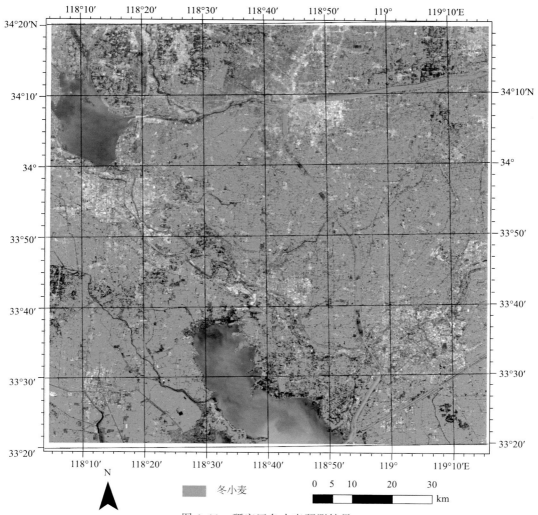

图 6.11 研究区冬小麦预测结果

冬小麦

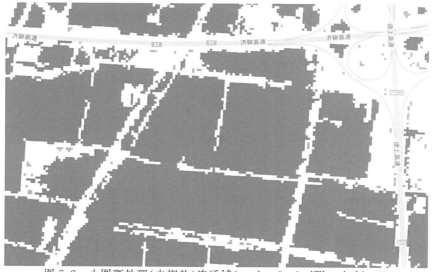

图 7.2 小图斑处理(去椒盐)连通域(mode＝8,pixelThreshold＝7)

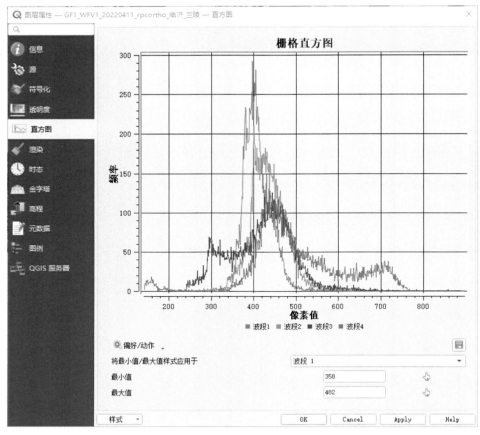

图 8.8　栅格直方图

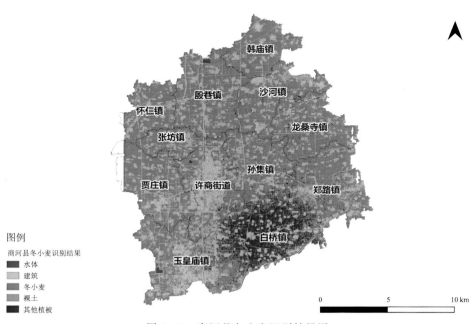

图 8.36　商河县冬小麦识别结果图